U0208599

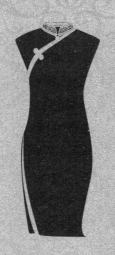

中国民族服装
艺术传承与发展

ZHONGGUO MINZU FUZHUANG
YISHU CHUANCHENG YU FAZHAN

谢 青 著

中国纺织出版社

图书在版编目（CIP）数据

中国民族服装艺术传承与发展 / 谢青著 . -- 北京：中国纺织出版社 , 2019.7 （2023.4 重印）

ISBN 978-7-5180-4684-3

Ⅰ . ①中 … Ⅱ . ①谢 … Ⅲ . ①民族服饰—研究—中国

Ⅳ . ① TS941.742.8

中国版本图书馆 CIP 数据核字 (2018) 第 025423 号

责任编辑：姚　君　　　　　　　　　　　　　　　　责任印制：储志伟

中国纺织出版社出版发行

地　　　址：北京市朝阳区百子湾东里 A407 号楼　　邮政编码：100124

销售电话：010-67004422　　　　传真：010-87155801

http: //www . c-textilep. com

E-mail: faxing@c-textilep. com

中国纺织出版社天猫旗舰店

官方微博 http : //weibo. com/2119887771

大厂回族自治县益利印刷有限公司印刷　各地新华书店经销

2019 年 7 月第 1 版　　2023 年 4 月第 6 次印刷

开　　本：710×1000　1/16　印张：10.5

字　　数：150 千字　定价：51.00 元

前　言

　　民族服饰是一个民族区别于其他民族的文化标志之一，少数民族服饰是我国民间艺术中一朵绚丽的花朵，它们古老朴实、图案生动、造型独特、色彩斑斓，有着浓郁的民族特色。少数民族服饰作为物质文化和精神文化的一种结合体，是一种文化，也是一种语言，折射出不同民族各自鲜明独特的文化内涵。中国民族服装艺术性的产生与少数民族居住的地理位置、宗教信仰、图腾崇拜等主客观条件有着密切的联系。原始民族服装里既含有艺术性也含有落后的糟粕。当现代文明与原始的民族服装发生碰撞时，我们应当择取民族服装的艺术性进行再创造，适时地在变革中传承、发展民族服装的艺术性。

　　在今天，尊重世界文化多样性，传承与发展本民族文化，认同本民族文化，尊重其他民族文化已逐渐成为各国、各民族的普遍共识。在传统的传承体系中，少数民族文化技艺持有者是如何传承其服饰文化的？具有哪些重要的因素？如何结合现代信息技术对少数民族服饰文化进行传承与革新？现代传媒技术会对少数民族服饰文化传承带来什么影响？是否具有积极的意义？这些都已成为学界热切关注的话题。

　　鉴于此，作者撰写了《中国民族服装艺术传承与发展》一书。本书内容分为六章。第一章阐述我国汉族服饰的研究，其研究范围为20世纪汉族服饰中服与饰的变革与发展。第二章阐述我国少数民族传统服饰的手工艺以及少数民族服饰手工艺的审美文化内涵。第三章从我国现代民族服饰在民族地区的留存方式、留存具体案例分析以及现代民族服饰的传承与创新思路等三方面诠释现代民族服饰的变迁与融合。第四章从民族服饰款式造型、图案纹样以及工艺技法三方面分析民族服饰中里的设计元素。第五章从民族服饰对时尚服装设计的意义以及民族风格服装设计的创新手法和设计的程序等三个方面对民族服饰与时尚服装设计进行了探索。

本书涉及内容比较宽泛，对我国民族服饰进行了多方位探索，指出了传承我国民族服饰的必要性与紧迫性，并提出了发展我国民族服饰的努力方向。

本书在撰写过程中借鉴了大量学者的研究成果，仅列出了作者参考的部分学术专著和相关文献，在此向各位学者表示衷心的感谢。

由于写作的时间紧迫，且涉及的内容比较宽泛，书中难免会有不尽完美之处，希望广大专家、学者和同仁批评、指正。

作者

2019 年 1 月

CONTENTS

目 录

第一章　汉族服饰探究

　　古老纯朴、绚烂精美的汉族服饰是东方韵味的民俗文化代表，是我国传统服饰文化的精华，具有很高的文化和艺术内涵。尽管汉族服饰在每个朝代都有自己的某些时代特征，造型形式也有一定差异，但总体来讲，汉族服饰在整个历史发展过程中仍然具有比较稳定的连贯性。近年来我国对汉族服饰的研究逐渐立足于服饰与民俗的交叉视角，服饰习俗作为民俗文化研究的重要组成部分，凝聚着强烈的民族情结，体现了汉民族文化的本土特色。

第一节　探究范围与基本概念界定

一、汉族服饰探究范围

作为服饰文化史的研究，本书探讨汉族服饰的各个方面。服饰[①]包括服和饰两大部分。如表 1-1 所示。

表 1-1　服饰的分类　　　　　　　　　　　续　表

项目	分类
头部	帽子、头巾、冠、冕、盔
躯干	上下连体衣、上下衣裳分着 上衣、下裳（裤、裙等）外衣、内衣 官服、常服、礼服 性别装——男装、女装 季节装——冬装、夏装等 职业装——军装、警服等 年龄装——童装、成人装 实用性服装、装饰性服装、时装
足部	鞋 袜 靴
手部	手套
化妆	胭脂、粉、面霜 发油、香波、摩丝、发蜡 匣、扑、笔、镜 香水、浴液

① 服饰的概念目前不统一，有多种服饰概念。本书所用的服饰概念是广义的服饰概念，即包括从头到脚的服、服上的装饰方式和物品、人体上的装饰方式和物品等。

表 1-1　服饰的分类　　　　　　　　　　　续　表

项目	分类
头部	帽子、头巾、冠、冕、盔
身体的饰物	钗、簪、坠 环、镯、链、戒指、表、包、眼镜 勒子、发带、发卡、假发
发型	留辫、蓄发 短发 髻、环等
身体的改革	文身、穿鼻、穿耳 束胸、整容手术 缠足
衣服上的饰物	补子、佩 胸花、胸针、领带夹 巾、带、手帕

　　其实，服和饰是结合的，是一个整体，往往不能分开；如果分开，就出现奇怪的现象。例如，日本民族服饰，包括和服、和式发型、和式屐、化妆等因素。同样，各民族的服饰，也包括衣服、头巾等多种因素。所以，只是为了讨论的方便，才把它们分成服和饰两大类。

　　服饰的出现和发展演变是因为它对人类有用。先说"服"。服装最初的作用是为人保暖、防晒、防风，防对人有害的动物，防别人对自己的伤害，有利于活动或工作。它是人类适应环境、保护自己的手段。但是，随着文明的发展和人类的进化，服装慢慢有了其他一些原来没有的作用。它从简单的自然作用发展为复杂的文化作用。根据服装的目的来分，它的作用可以分成两大类，如表 1-2 所示。

表 1-2　服装的作用

　　　　　　　　　　　　　　　　　　　　　　　　　　　　续表

服装的作用	主题描述
对人体的作用	生活行动的目的 生理卫生的目的

服装的作用	主题描述
对社会的作用	装饰审美的目的 道德礼仪的目的 标识类别的目的 扮装拟态的目的

简言之，一是自然的目的，服装用来保护身体：防晒、防寒、防虫、防风、防雨、防摩擦等；一是文化的目的，服装用来显示穿衣人的身份、个性、地位、职业、性别、年龄、群体的归属，是社会秩序的一部分。

再说"饰"的部分。装饰的意义完全在于文化方面，即表示人的文化特征和归属，如表示民族、地位、身份，显示美观，制造魅力。也就是说，和"服"不一样的地方在于，不论是古代人还是现代人，为了强调自己的社会存在，使用各种各样的饰物，因此"饰"几乎没有什么自然作用。

把服和饰二者结合起来看，可以发现，服饰的起源过程是，先出现服的自然作用，然后出现服和饰的文化作用。而且随着文化的发展、社会的发展，服装的自然作用显得不像以前那么重要。相反，服饰的文化作用却得到加强。人类的服饰行为越来越少地考虑到自然的意义，越来越多地考虑到文化意义。到了现代文明社会，这种情况差不多达到了异化的程度，即人们的服装、发型、戴饰物很少具有自然意义，或自然意义不是考虑的重要因素。有时，可能是反自然的。例如，有的人冬天很冷的时候依然穿短裙，为了漂亮；有的人夏天很热的时候，穿毛料的西服，打着领带，为了显得有精神；有的人走远路也穿高跟鞋，为了显示风度；有的人给身体打洞，加上装饰，或者改变身体自然的形态，为了社会的承认，等等行为。服饰从让人健康和方便变成了让人不舒服、不利于健康，这就是异化。

对于服饰，特别是服装的异化，笔者不想多说什么。指出这一点，主要是为了说明，面对这样的现象，在研究服饰史时，需要更多地注意服饰的文化意义，特别是20世纪的服饰史，自然意义已经很少，因此，研究它就是主要看它的文化意义。

二、汉族服饰探究的相关基本概念

(一) 民族服饰

服饰的文化功能之一，是表示民族归属的功能。世界上有很多民族，每个民族的起源、形成、发展的历史各不相同，并且文化各有特点。作为文化的一部分，服饰文化也就各有特点——出现民族服饰的现象。用上面的概念来说，民族服饰明确地体现着它的文化目的，显示出穿衣戴物者的民族归属。实际上，民族服饰是一个民族区别于其他民族的文化标志之一，而且是外在的、明显的标志。民族服饰是民族文化的重要象征，因此，在世界化的大潮流中，各民族为了保存自己的民族文化，往往尽量保存自己的民族服饰。如今，可能穿戴民族服饰的机会比以前少得多，但是，各民族人民还是明白民族服饰是什么，而且一般都对自己的民族服饰怀有珍视的感情。

在亚洲，印度有沙丽，日本有和服，朝鲜有长筒裙，缅甸、老挝、越南、柬埔寨、印度尼西亚、蒙古等，也都有各自的民族服装。在欧洲，除了最著名的西服以外，苏格兰、匈牙利、罗马尼亚、俄罗斯、挪威等民族也有各自的民族服装。在中南美洲，在非洲，在大洋洲，在阿拉伯地区，也有很多的特点鲜明的民族服装。可以说，如今世界上，有民族服装的民族、国家、地区是大多数，没有的是少数。和服装相协调，还有民族装饰或饰物，如日本人穿和服的时候，就不能把发型做成时髦的样子，应该做成传统的发型；如果没办法做成，那么可能戴假发。

在日本，如果说富士山是日本的地理象征，和服及与之配合的装饰就是日本的习俗象征。特别是女人的和服、发型、履，代表了日本民族的集体。日本学者对400个日本人做了调查。其调查结果《有关和服的服装社会学考察》1984年发表在《服装产业》上。调查表明，74.8%的日本女人在参加成人节、婚礼、葬礼、祭奠等礼仪活动时穿和服。有和服的女人的比例应和这个数字差不多。① 也就是说，虽然日本社会工作和生活的节奏很快，穿

① 冉光旭. 民族服装的时代感与传统性——调查不同地区、年龄的中国妇女对旗袍的认识 [A]. 首届北京国际服装基础理论研讨会文集 [C].1990. 关于和服的形成，有人认为平安时代形成了日本式的和服，奈良时代模仿中国服装，制定了"衣服令"；也有人认为和服最初形成于13世纪的镰仓时代，是中国袍服演变的产物。

和服太麻烦，太费时间，但是，大多数日本女人有和服，在礼仪场合穿和服，即把和服看作是礼服。例如在毕业典礼上毕业生穿上了和服，婚礼上新娘、新郎穿上了和服。成人节、女孩节、男孩节、元旦等节日与地方活动或游戏的时候，大家也都穿和服。有的和服是家族的传家物品，姥姥穿，妈妈穿，女孩子又穿。

(二) 汉族传统服饰

由于文化传播、民族同化、政治统治、经济条件等多方面的原因，汉族服饰的发展有多样性和可变性。宋代以前，民族服饰也有变化，但变化比较慢，但元代以后有一些大的变化。有了这些变化，对于汉族历史上的服装来说，很难认定什么是汉族的"民族服饰""民族服装"。如果说是清代的，大家不会同意。那么，是汉代的，还是宋代的，还是明代的？汉族服饰在漫长的历史过程中成为一种变化的、不固定的东西，因此没有办法用一个概念把它说成是固定的东西。所以我认为，现在根本没有汉族民族服饰，而过去也不太固定，有不少变化。所以，我更愿意使用"汉族传统服饰"的概念。这个概念虽然有些笼统，但可能更符合实际情况，也更科学些。

大体上说，从公元前3世纪到公元17世纪，即汉代到明末，是汉族民族服饰形成、推广的时期。从17世纪到19世纪末，是满族服饰（主要是男人的）以强迫方式推行，并和汉族传统结合，逐渐定形的时期。到了17～19世纪，上流社会汉族的男式服装和发型经过满化，成为一种异族文化融合的产物，汉族女式服装和发型则基本保持明代的传统，而普通老百姓无论男女都继续穿着简单的上衣下裤或上衣下裙，发型也和过去一样变化不大。[①]这样，满族和汉族服饰，贵族、官员、士大夫和庶民的服饰，男式服饰和女式服饰合起来，就是所谓的"汉族传统服装"。换句话说，中国传统服饰是三个方面的混合体，三个方面是不同的民族、不同的社会阶层、不同的性别。

然而，一方面，汉族服饰和满族服饰有区别；但另一方面，满族服饰在发展过程中也受到汉族文化的影响，满族服饰和汉族服饰也有相同的地方。

---

① 在中国传统社会，上层社会服饰和下层社会服饰有大的区别，如缠足，从上层社会开始流行，越是偏远的地区，流行越晚，甚至不流行。几乎可以说，所谓服饰史，主要是中上层社会的事。

也就是说，现在所说的 19 世纪的汉族传统服饰，既和先前有变化、有差别，又有一贯的方面。因此，本书把受到异族文化极大影响的汉族服饰依然称为"汉族传统服饰"。它与从汉代到明代的汉族民族服装有区别，但又一脉相承。

正如服装史研究专家所指出：尽管古代服装的款式多种多样，但从形式上来看，脱不开最基本的两种类型：一是上衣下裳制，一是衣裳连属制，也就是袍制。①

汉族传统服装的演变一直没有脱离这两种基本形式。尽管汉族服装的历史演变丰富，但是在 21 世纪以前，始终在上衣下裳制和衣裳连属制这两种形式内变形。虽然有时宽松，有时紧凑，有时烦琐，有时简单，有时华丽，有时朴素，有时开放，有时保守……但是，万变不离其宗。满族服装其实也没有离开这个范围。因此，笔者把上衣下裳制和衣裳连属制看作是汉族传统服装的基本方式。

除了服装以外，发型是另一个重要因素。和服装类似，满族和汉族发型有明显区别，但也有共同点，即都是长发。所以，汉族传统发型的基本方面是长发。

到了清代，汉族传统服饰经过演化形成了兼具满汉特点的服制。基本情况是，男外装主要是长衫或长袍，有时外边套上马褂或马甲，内穿对襟衫，下穿裤子。女外装在清代前期沿袭明代服制，上面穿袄或衫，下面着裙，后来变得下面多穿裤。男裤和女裤之间没有大的差别，但和现在的裤子有差别。由于裁剪方式的原因，传统裤子的裤腰上没有开口，裤腰宽，立裆长，穿时需用腰带系上，有时裤脚也用带子扎住。中上层社会的男装和女装有区别。就清代的一般服装形式而言，男装属于衣裳连属型，女装属于上衣下裳型。不过，二者也有相同之处，即与西式服装相比，比较多地采用右偏襟式，无领或低领，无肩缝，比较宽松，比较长，穿起来比较麻烦。老百姓的服装基本是上衣下裤，女人有时裤外加裙，但都是简单的式样和材料。男人剃头留辫（把长发做成辫子），满族和汉族的女人各自保持原来的习惯。以上这些最重要的方面合起来，就构成了汉族传统服饰的几种轮廓或典型。

---

① 杭间. 服饰英华 [M]. 济南：山东科学技术出版社，1994。

第二节 汉族传统服装的变革与发展

本节仅以汉服中的女式常服以及男式常服为例，阐述我国 20 世纪汉服的变革与发展。

一、女式日常服装的变革与发展

按服装的形制分，女装有上下分体和上下连属两类。上下分体的又分成上衣下裤和上衣下裙两类；上下连属的有旗袍、连衣裙、大衣等式样。按照服装的来源分，有满式的、汉式的、西式的。按照流行的程度分，有时装、普通服装等。

（一）上衣下裤

在中国历史上，汉族女人穿上衣下裤的情况很普遍。清兵入关以后，强迫汉族男人改变服饰，但是没有改变汉族女人的服饰。当时的情况是满汉女装并存。满族和汉族女人的服装差别主要在于：满装是上下连体的旗装，汉装是上下分体的服装，或者是上衣下裤，或者是上衣下裙。

到了清末，汉族女人有些穿上衣下裙，有些穿上衣下裤。大致的差别是，上层社会多穿衣裙，下层多穿衣裤。准确地说，上衣下裙是穿裤以后再套上罩裙。所以，这里说的上衣下裤就是不用罩裙。一般情况下，只有富人的佣人、农村的劳动者才不用罩裙或买不起罩裙。当时的上衣非常长，差不多到膝盖，偏襟，立圆领。成人和儿童都可以穿。

"中华民国"时期，不用罩裙的上衣下裤一度成了时装，流行了一段时间。而且在上衣和下裤的式样、宽窄和比例等方面有一些变化。也就是说，民国以后，上衣下裤成了全社会的女装式样。不过，式样尽管相同，但是从质量、花色、品种、时髦程度等方面仍然可以分出等级的差别。上衣包括衫、袄、背心，式样有对襟、琵琶襟、一字襟、大襟、直襟、斜襟等变化，领、袖、襟、摆多镶滚花边，或加刺绣纹饰，衣摆有方有圆、宽瘦长短的变化也较多。下摆有直角、圆角、半圆弧形、圆形等；衣身、袖管在其流行的历程中，有宽窄长短的变化；衣领则有高低的不同。后来，不用罩裙的上衣下裤慢慢减少。

20世纪20年代以后，出现了西式的上衣下裤。最常见的是西服套装，上为西装，下为西式长裤。据记载，当时还出现了各种上衣下裤的时装。例如，时髦的女人冬天多穿各色长裤，裤脚镶以鲜艳的宽花边，上衣也镶着边，并全身缀以闪光的亮片，纽扣做成各种各样并镶有宝石珠子闪闪发光。在夏天穿时髦的短裤、上衣，"裤长仅尺余，下服高腰洋袜，两腿皆外露"。① 但是在下层社会或在穷人中间，使用最多的依然是朴素的上衣下裤，因为它们最容易得到，工作时最方便。

这种情况在中华人民共和国以后，变成了全社会的方向。特别是在"文化大革命"高潮时期，中国差不多变成了一个没有裙子的国家，女人们当然只有上衣下裤一种选择。不过，从40年代开始，上衣方面有了变化，从原来的中式对襟或偏襟袄变成了西式的制服式。这种式样持续了很长时间。它实际上和军装差不多，非常朴素，通常是蓝色、灰色等深色，少数是绿色、黄色等亮色。从50年代一直到80年代中期，这种服装是中国女性穿用最多的服装。现在，一些落后地区还可以看到。

夏天，女人们多穿衬衣。50年代，妇女们无论老少穿着款式一样的一字形或八字形白色长袖细布衬衫，但后来有了小圆领、小方领、燕尾领、青果领、海军衫领，还有的饰以花边，而且色彩也丰富起来，粉红、淡蓝、花格、条纹。② 到了改革开放时期，衬衣的变化十分丰富，样式、色彩、材料多得数不清。旧式的偏襟袄服基本已经被淘汰了，对襟袄服也在被淘汰的过程中，但是在偏远落后地区仍然存在。

近年来出现了偏襟和对襟的时装上衣。虽然它们也是中式的或旧式的，但缘由完全不一样，并不是因为守旧或贫穷，而是为了赶时髦。

总之，在最近的100年中，上衣下裤一直存在，而且从下层人民的服装变成了全社会的主要服装方式之一。到现在依然如此，变化的是式样、花色、材料越来越多了，多得数不清，让人眼花缭乱。

---

① 东北文史丛书编辑委员会.奉天通志[M].沈阳：沈阳古旧书店，1934。
② 刘爱芳.现代女性打扮的风格[J].现代服装，1996(6)。

(二) 上衣下裙

在中国，上衣下裙是女式服装的基本方式之一。清代，裙子主要是汉族女性穿，满族女人基本上不穿裙子。不过，到了清代末年，汉满服装交流，汉满女人都穿裙子。到了近代，上衣下裙的发展比较复杂。从上衣和裙子的关系看，典型的式样主要有三种：一是长衣长裙，二是长衣短裙，三是短衣长裙。当然，中间还有很多不太典型的方式。从服装传统上看，衣裙式样来自中国传统服装、西式服装（包括苏式服装）、和式服装。这些关系组合在一起，出现了混杂的情况。

中华民国时期，上衣下裙的方式向不同方向发展。第一，保持传统的方向。第二，"文明新装"的方向，从日本流传到中国。第三，西式上衣下裙的方向开始出现。传统方式的上衣下裙保持了很长时间。上衣有很多种变化的情况，"民国初年，由于留日学生甚多，服装式样受到很大影响，多穿窄而修长的高领衫袄和黑色长裙，不施质纹，不戴簪钗、手镯、耳环、戒指等饰物，以区别于20年代以前的清代服装而被称之为'文明新装'。"① 其实，文明新装是外来服装和本来服装的一种结合，基本类型一样；更远地看，日本文明新装的样子可能是很早从中国传来的服装的演变结果。

辛亥革命以后，文明新装和上衣下裤同时流行了一段时间。

不论传统方式还是文明新装，都是罩裙。穿裙又穿裤的目的是既要漂亮，又不能暴露身体。所以，上衣变化较多，裙子的颜色、样式也有变化，但是仍然很长，达到脚踝。

随着西式服饰的影响，学生女装的使用，裙子慢慢短了，开始露出了小腿。到了20年代，下摆在脚踝以上的裙子可以常常见到。以后，不论是旗袍还是西式裙子，都不必达到脚踝了。虽然只是短了20厘米，但这标志着中国传统裙装的不能露出身体的限制解除了。以后大体上越来越短。

西式衣裙的情况也比较多。职业女性多穿西式套服，学生多穿朴素的上衣和绕膝裙。

大概的趋势是向西式衣裙的方向走，逐渐离开汉族的传统服装的类型。

---

① 华梅. 中国服装史 [M]. 天津人民美术出版社，1999(4)。

服装史专家周锡保教授，绘制了中华民国时代的上衣下裙的演变示意图。

(1)

(2)

图1-2 上衣下裙的演变示意图

（1）图 依 次 为 1912、1913、1914、1915、1915、1916、1917、1918、1920、1921 年

（2）图 依 次 为 1923、1925、1925、1927、1927、1929、1930、1932、1933、1934、1935、1947 年

到了30年代，旧式的上衣下裙的裙逐步被淘汰，被旗袍、连衣裙代替当然，学生装的上衣下裙方式一直存在，但那是西式服装的影响，和汉族的传统服装不是一回事。也就是说，汉族的上衣下裙和西式的上衣下裙是两个概念，两种服装。后者属于服饰西化的一部分。

50年代以后，西式的上衣下裙是女人，特别是姑娘们的主要服装式样。但在"文化大革命"中裙子一度消失了。作为一种反力，改革开放时期，裙子的发展特别快。比较起来，上衣下裙的分体方式超过了连衣裙的上下连属方式。

总之，到21世纪中期，中式裙告别了历史，让位给了西式裙。从表面上看，裙子就是裙子，没有什么差别。但关键差别是，中式裙都是罩裙，即裙子下面必须穿裤子。而西式裙可以是罩裙，也可以不是，在多数情况下穿裙时不用穿裤子。可以想象，中式的上衣下裙是一种既烦琐又浪费的方式，这也是下层人民少用这种方式的主要原因。由于烦琐、浪费、保守的中式罩裙不符合 20 世纪文化的发展，所以肯定要被淘汰。

二、男式日常服装的变革与发展

(一) 西装

此处所说的西装或西服特指"suits"。本来，西式服装都是"西装"，不论男式女式，但中国人用"西装"或"西服"特指成套的、大翻领的、需要配合领带的 suits。[①] 显然，可能由于到中国的西方人穿着西装和中国传统服装差别明显，中国人对它的印象特别深刻，特意强调它的来源，于是西装成了西式服装的代表和象征。的确，不仅在中国，西装经常代表着西方文明，被敏感地对待。前面说过，在中国，人们对西装的态度可以表示对西方文化的态度。

不仅是象征和代表，西装还是西式服装进入中国社会的尖兵。如前所述，戊戌时期提倡西式服装时，首先提到的就是"领袖白洁"的西装。虽然西装进入中国社会比军警服晚，但是制服是政府规定的服装，而西装是人民自己选择的服装，是进步人士在提出"断发易服"主张时首先选择的理想对象。于是，从 19 世纪末开始，中国人穿上了西装。当然，他们必须在海外穿西装，才可以没有麻烦。

当时的服饰西化，除了西装以外，学生制服很重要。但是，不论穿的人多少，西装总有特殊的影响力。在辛亥革命以前，西装和学生制服是西式服装的主要部分。大概的区别是，革命者、生意人、政治家穿西装，留学生穿学生装比较多，有时也穿西装。

中华民国成立以后，西式服装不仅得到了合法的地位，而且很快成了时髦服装。在提倡西式服装的背景中，西装（suits）受到很大的欢迎。特别是政府公布了服制条例，以西式服装为礼服，西装的地位更高了，在上层社会产生了明显的影响。事实上，西装业已成为一种流行的"官服"、正式

---

① 这个概念中国人和欧美、日本不太一样。在中国，欧美和日本叫作 jacket（夹克）的上衣在中国也叫作西服。可见中国人把翻领、垫肩、只有 2 个纽扣和 suits 看起来差不多的上衣都叫作西服。

的交际服装。在当时，"革命巨子，多从海外归来，草冠，革履，呢服羽衣，已成惯常；喜用外货，亦不足异。无如政界中人，互相效法，以为非此不能侧身新人物之列"，"其少有优裕者亦必备西服数套，以示维新"。[①]

到了 20 年代，大都市穿西装的人极多，不过大多数是青年人，其中以各学校的学生、教师、公司洋行和各机关的办事员等为主，老年人、商店中的店伙以及一般市民很少穿着西装。所以，男人虽然以穿西装为时髦，但从数量方面来看，仍不及穿中装的为多。

20 世纪 30 年代到 40 年代，西装在不断地发展、增加。"世变愈速，服装屡易。都市少年，喜著西装。"[②] 在上海，1896 年有了"和昌西服店"，这是中国第一家西服店。到了 1930 年，上海成立西服业公会，入会的西服店有420 多家。到了 1948 年，西服店近千家。从中可见西服穿着的普遍。

总之，中华民国成立以后，西装迅速地成为中国上层社会的正式社交服装。政界、商界、教育界、军界都采用了西装。但是，尽管政界、商界、教育界、军界的人大多数穿西装，但是到了社会上，仍然是穿中式服装的人多。因为，西装是上层社会、大中城市的正式服装，而上层社会、大都市在人口方面占少数，所以，它不可能占多数。另外，即使穿西装上班、社交的人，回到家里是也可能换上中式服装。

真正重要的发展是在 80 年代以后。如前所述，由于意识形态的原因，西装在中华人民共和国成立以后受到极大的抵制和冷遇。最极端的时期是"文化大革命"时期，那时全中国几乎没有人穿西装。但是，随着改革开放开始，西装迅速地恢复了地位，然后更加迅速地发展到比以前充分得多的程度。如果说西装开始进入中国时遇到了不少的麻烦，受到的阻力很大，费了很多时间，那么这次西装进入中国，似乎没有遇到什么阻力，进入得非常顺利，人民带着愉快的心情和欢迎的态度，很快接受了它。

于是，到了 80 年代中期，中国男人很多都穿上了西装，而传统的中式服装只在农村的老人中流行。此时，中国成为世界上西装充分普及的国家之一。

西装在 80 年代的发展，除了数量多，还有一个特别突出的特点是用处

---

① 大公报,1912-6-1。
② 东北文史丛书编辑委员会.奉天通志 [M].沈阳:沈阳古旧书店,1934。

广。在 20 世纪 20～40 年代，西装是礼仪服装、正式服装；在 80 年代以后，当数量增加以后，西装不仅是礼仪、正式、社交服装，也是日常服装。夸张地说，西装"铺天盖地"地进入了中国人的生活，到处可以看到穿西装的人，他们在做着各种各样的事情：他们在办公室工作，在宴会上讲话，在自由市场买菜，在小饭馆里吃便饭，在公路上开汽车，在田野里收割稻子，在教室里讲课和听课，在公园里游玩，在操场上打球，在婚礼上当新郎或伴郎……而且，各行业的制服基本上也是按照西服的式样设计的。

西装时兴，带来了西装附件的时兴，首先是领带，其次有西装马甲、领带夹、皮带等。

(二) 中山装

中山装的原形是什么，有争论。有人说是学生装，因为孙中山喜欢穿，所以叫"中山装"[①]；有人说它是日本少年团制服，而日本少年团制服是仿照欧洲的童子军制服设计的[②]，直到现在，还没有公认的结论。尽管中山装的原形是什么有不同看法，但据笔者看，中山装是学生装的变形，也属于西式服装。

最初的中山装，单立领，领子紧扣，对襟，上下衣袋为暗袋，有背缝，后背中腰有固定腰带，前门襟有 6 档纽扣。"裤子则把中国传统的抿裆裤改变为前后各两片组成，两侧锋上端均有直袋，前片腰口有平行与丁字形的折裥各两个，右腰口装表袋一只，以前裆裤缝为开门。后片双侧均有双省，做有后袋。腰头有上腰头和连腰头，腰上装 5 至 7 个串带，腰口带卷脚的西裤式样，中山服夏用白色，其他季节用黑色。"[③] 后来，中山装改为无背缝，无腰带，立翻领，领口紧扣，4 个衣袋，5 档纽扣，袖口饰 3 粒装饰扣。"随着南方革命势力影响的扩大，以及人们对孙中山崇敬之情的增长，中山装，也日受国人欢迎。到 20 年代后逐步流行起来。"[④]

"北伐以后，国民党也制定过有关穿着的规定。男子以中山装为礼服。因中山装造型大方、严谨，善于表达男子内向、持重的性格，因此，民国

---

① 周汛. 中国历代服饰 [M]. 上海：学林出版社,1984。
② 大汉和词典 [M]. 东京：大修馆书店,1966。
③ 黄能馥，陈娟娟. 中国服装史 [M]. 北京：中国旅游出版社,1996。
④ 张静如. 北洋军阀统治时期中国社会之变迁 [M]. 北京：中国人民大学出版社,1992。

十八年（1929 年）国民党制定宪法时，将其定为礼服，并规定凡特、简、荐、委 4 级文官宣誓就职时一律穿中山装，以示奉先生之法。春、秋、冬三季用黑色，夏季则为白色。中山装也作常服穿着。"①

总的说来，在中华民国时代，中山装是一种新兴的官服，特别是国民党政府的官服，在政界和军界出现。然后，在知识界、教育界开始受到欢迎。第二次世界大战期间，很多年轻人——包括一些女青年——放弃了长衫、旗袍，穿上了朴素的中山装。

中山装还有一些变形。主要在衣袋方面加以改变。譬如，中山装的下袋是吊袋，上袋是明袋，那么可以把它们都变成暗袋，或者都变成明袋。改变以后，就成了和中山装差不多但又有些区别的式样。

中华人民共和国成立以后，中山装的地位有了进一步的上升。在中华民国时代，男式正式服装由 3 部分组成：西装、长袍马褂、中山装。50 年代以后，长袍马褂很少了，正式服装由两部分组成。在全国的社会主义化过程中，西装的比例在下降，中山装的比例在上升。

60 年代中期到 70 年代末期，中山装成为唯一的正式服装。从历史照片上看，毛泽东在正式场合只穿中山装，据笔者观察，没有看见他穿西装，所以一些外国人把中山装叫作"毛式服装"。周恩来偶尔穿西装，大多穿中山装。

像中华民国时代一样，中华人民共和国成立初期，中山装既是官服，也是平民穿的衣服。共产党、政府、军队的干部们穿它，老百姓也穿。随着中山装地位的提高和穿用的普及，到 60～70 年代，它也是普通的日常服装。像现在的西装一样，那时到处可以看见穿中山装的人，他们是干部、工人、农民、学生……

80 年代以后，正式服装还是由两部分组成：西装和中山装。但是，西装的比例比中山装大得多。现在中山装不是没有，但很少见，例如邓小平也是从来只穿中山装，不穿西装。此外，在一些表示民族主义立场的地方，政治家和主持人也要穿上中山装。

中山装经历了一个有意思的变化过程。它从辛亥革命以后开始，在 20 年代末期成为正式的官服。以后地位慢慢地上升，到 70 年代最高——不仅

---

① 黄士龙. 中国服饰史略 [M]. 上海：上海文化出版 ,2007。

是正式的官服，也是老百姓的日常服，数量极多，到80年代突然不受欢迎了，然后很快衰落。历史进入新纪元，随着民族文化的复兴、民族文化自信的确立，中山装的样式特点又逐渐出现在男装当中，并与现代人们对服装审美的需求结合，以一种新的面貌回归时代的舞台。

（三）学生装

在流行西装的同时，不少知识分子及青年学生还喜欢穿着"学生装"，这种服装实际上也是一种西装，只是形制比较简便。一般都不用翻领，只有一条窄而低的狭领，穿时用纽扣缩紧，所以也不需用领带、领结作为装饰。在衣服的正面下方，左右各缀一只暗袋，左侧的胸前还缀有一只明袋。穿着这种服装，能给人一种精神和庄重的感觉。[1]

学生装明显地接近清末从日本引进的制服，而日本制服也是从西方学习来的。式样是直立领，胸前一个口袋。

以后，从民国初年一直到现在，都还有学生装存在，没有消失，但它显然不是重要的服装。在过去的这段时间里，有的时候它流行，穿的人多一些；有的时候不流行，穿的人不多。现在不是流行的时候。

夹克是一种西式便装[2]。最初出现在30年代。一些时髦的年轻人穿。后来，在50年代和60年代，和苏联的影响有关，当时的年轻人也有穿的，但是不太普及。

80年代，夹克突然大大普及了，穿夹克的人到处都是。好像中国的男人只有两种服装：西装和夹克。夹克的数量不仅非常多，而且穿的时候非常多。如果说穿西装的人到处都可以见到，那么穿夹克的人也是到处可以见到；如果说中国现在有几亿件西装，那么也可以说有几亿件夹克——很可能夹克比西装多许多，因为它便宜得多。本来夹克是随便的服装，但在中国，正式场合上也可以看见它。

可以概括地说，西装、中山装、夹克是现在的三种主要男装，即使在正式场合也是这样。

---

[1] 周汛. 中国历代服饰 [M]. 学林出版社, 1984。
[2] 在中国，夹克不包括翻领、两个扣子的简单西服。其概念和欧美、日本不一样。

第三节　饰的变革与发展

中国人很早就开始佩戴饰物。在旧石器时代的文化遗址中（例如山顶洞人的遗址），可以看见用玉、石、贝、骨、蚌做的项链之类的饰物。新石器文化以后，各种饰物更丰富更常见，以后各个时代的文物中，总有饰物出现。有些饰物非常珍贵，价值连城。比如，紫禁城的珠宝馆里的那些饰物，让人吃惊。这些文物表明，中国人使用饰物的历史非常悠久。

传统时代，佩戴饰物叫作戴首饰。首饰，过去专指头上所饰之物，包括冠冕，现在，则泛指一般的金玉珠宝，因此，把不是头上的饰物也叫作"首饰"，即把首饰的范围扩大了。佩戴饰物，主要是女人的事，虽然也有男人的方面。这里，先说女人用首饰的方面，然后再提到男人的方面。

如上所说，中华民国成立以后汉族人的服装、发型发生了大的变化，但是首饰方面的变化不大，慢一些。女人们仍然喜欢用首饰——传统首饰。不过，慢慢地有西方的首饰进口。她们很快地采用了西式的首饰，特别是那些时髦女人，因为西式的服装配合西式的首饰比较好。30年代以后女人用饰物的情况比较丰富或复杂了。有人回忆说：

> 近代讲究时髦的妇女，除衣着华丽以外，还特别喜欢佩戴各种饰物。她们的颈间挂着项链，耳上戴着耳环，腕上套着手镯（或手表），指上戴着戒指，胸前还佩着别针。在外出时，一般还拎着小巧玲珑的提包及制作精致的布伞。其中除手表、提包、布伞具有实用价值外，其余均属首饰范围。妇女们在佩戴这些首饰时，都有一定的要求，特别是上层妇女，她们的手镯、戒指及耳环等都必须配套，无论是质料、款式及色彩，都要求一致。在佩戴方法上，随着年龄的差异也有所不同。如年轻妇女，以戴长耳环者为多；中年妇女则戴紧贴耳垂的米粒式、圆珠式或圆环式耳环。年轻妇女的项链，一般挂得较高，质料未必珍贵，但颜色一定要鲜艳；老年妇女则多挂长串的金银链条。至于民间的一般女性，

戴不起这些饰物，就只戴戒指。[①]

这和过去的情况差不多，但有些东西是中国传统原来没有的。此外，有些东西看起来一样，但是文化意义不同。例如，戒指的意义有改变。中国人很早就开始戴戒指，它有特殊的意思[②]，但是，中国人慢慢忘记了戒指原来的意思，戴戒指时，有时没有什么意思，就是装饰，有时是用西方的意思，表示婚姻情况。项链也和过去不同。过去女人不能完全露出颈部，项链主要是用于衣服外的，比较长，而从20年代开始，西式贴身短项链开始流行，当时叫作"文明链"。于是，现在主要使用贴身的短项链。

清末民初，一些女人用"勒子"，或叫"扎额"。明代已经有勒子，清代一直有。贵族女人有的用"珠箍"。勒子用布做，珠箍用珍珠宝石做。剪发以后，有人继续用勒子或珠箍。但一些比较时髦的女人开始模仿西方人，用发带。后来，发带取代了勒子和珠箍。现在还有用发带的，特别是年轻女人。

此外，新的突出变化有饰物范围的扩大化。服装和饰物大概有分别的界线，虽然不太清楚。但是，到了现代社会，这种界线变得完全模糊了。于是，服装一些附件和用具也可以成为饰物。这些东西究竟是饰物还是服装或用具，有时界限不清楚。它们包括草帽、斗笠、布帽、围巾、披肩、眼镜、发卡、怀表、手表、雨伞、阳伞、手帕、手袋、提包、背包、腰包、腰带、手套、马甲……它们既是服装或用具，也可以作为饰物。可以把它们称为实用性饰物或装饰性服装（附件）。实用性饰物的范围目前仍然在扩大，这和服装的时尚化是成正比例的。有人夸张地说："所谓配件就是指眼镜、首饰、鞋、帽子、包、腰带……随着人类物质生活和精神天地的极大丰富，服饰配件正朝着多元化的方向发展。到了二十世纪末的今天，人类对配件的偏爱，几乎超过了对服装本身的追求。"[③]

男人用的饰物包括戒指、领带夹、皮包、手袋、手表、腕链、项链等。由于学习西方人在订婚时互赠戒指，男人的手上也出现了首饰。

---

① 周汛．中国历代服饰 [M]．学林出版社，1984。
② 戴戒指原来是宫廷中的一种习惯，表示已经怀孕了。后来演变成了饰物。这个习惯开始于汉代。黄华节．戒指的来历 [J]．东方杂志，1933(3)。
③ 晓飞．"配件"装点初秋的美丽 [J]．服装时报，1998-10-2。

20世纪50年代至70年代末，在全面社会主义化的背景里，戴首饰被认为是不好的行为，首饰慢慢消失了，被人们藏起来、卖掉了。80年代恢复首饰，很快，女人们的身上又有了各种各样的首饰。丰富的程度超过了30年代。现在，城市女人多数有首饰。年轻人结婚时，大半买结婚戒指。大商店里、首饰店里，商品琳琅满目。最常见的女式首饰是戒指、项链（最近几年，流行戴钻石戒指和钻石项链，但是有些人觉得太贵，就戴假的，其中不少是进口的，来自法国、意大利、日本）、耳环、手袋、发卡。

向西方人学习，男人戴首饰的也多了。最常见的男式首饰是戒指、项链、领带夹。

总之，饰物在身体各部分都有。

头部：发卡，发带，假发。

面部：耳环，眼镜。

颈部：项链。

身体：胸花，胸针，领带夹。

手部：戒指，手镯，手表，皮包，手袋，腕链。

足部：踝链。

由于中国的首饰和西方的首饰很多方面接近，如项链、戒指、耳环、手镯等，所以，基本情况是外来首饰习惯和中国原来的习惯结合了。但有些方面是外来的习惯丰富了中国的情况，比如手袋、手表等。仔细观察可以发现，虽然中国原来就有戒指、项链等饰物，它们不是外来的，但是现在人们使用的饰物在意义上经常是西方式的。比如，现在人们用的戒指有很多是西方来的式样，使用的方式也是这样，即城市年轻人在结婚时买一对钻戒，新娘新郎都戴。这些城市年轻人的项链也是西式的，而不是中式的。另一方面，仍然有很多人戴旧式的戒指、手镯等。总之，中式的饰物和西式的饰物并行不悖，它们的意义也并行不悖。大概的界线是，城市年轻人戴西式的饰物多，其他地区的中老年人戴中式的饰物多。

第二章　少数民族传统服饰手工艺研究

　　随着社会的高速发展，许多传统的文化技艺正在快速地消失，少数民族服饰手工艺即是其中之一。所以如何保护文化的多样性，保护珍贵的人文资源及文化遗产成了我们急需研究的课题。在人类由资本经济进入知识经济的今天，许多地方性的传统服饰手工艺已经成为一种可以开发和利用的人文资源。

第一节　概述

一、释义与分类

(一) 释义

在我国古代，"工艺"一词常与工、巧、艺等词相联系，"工"意指有技艺的人，具精湛技巧的人被称之为"巧儿匠"，"工""巧"在中国古代还意指人用智能、技术制作出来的，在器物上所体现出来的精巧、美观，古代文献和诗词中多有记载。如《考工记》曰："天有时，地有气，材有美，工有巧。……国有六职，百工与居一焉。……审曲面埶，以饬五材，以辨民器，谓之百工。……百工之事，皆圣人之作也"；① 《说文》曰："工，巧也，匠也，善其事也，凡执艺事成器物以利用，皆谓之工"；② 《师说》曰"巫医、乐师、百工之人不耻相师"；③ 《论语》曰："工欲善其事，必先利其器"；④ 《墨子》曰："凡天下羣百工，轮车、鞼匏、陶冶、梓匠，使各从事其所能"；⑤ 《汉书》曰："异类之物，不可胜原，此百工所取给，万民所昂足也。"⑥ 宋代谢瞻有诗云："风至授寒服，霜降休百工。"⑦ 明代王锜《寓圃杂记》载："江阴有周歧凤者，聪敏绝人，百工技艺、异端刑名之学，无不习而能之。"⑧ 清代纪昀的文言笔

---

① (周)《周礼·冬官·考工记》，百工：古代工官的总称，西周时为对工奴的总称，春秋时沿用，成为各种手工业工人的总称。百工之事：各种手工业的巧艺。
② (汉) 许慎：《说文》卷五：《工部》，工指的是工人的"工"，意为工巧之人。
③ (唐) 韩愈：《师说》，意为巫医、乐师和各种工匠，(他们) 不以互相学习为耻。
④ (春秋战国) 孔子：《论语·魏灵公》。"工"：做手工或工艺的人；"器"：工具。春秋战国时，工商食官的格局已渐打破，出现了私人手工业者，故《论语·子张》中有"百工居肆，以成其事"，表明百工已成手工业者的通称。
⑤ (战国)《墨子·节用》，意指各行业的工人从事他们专长的工作。
⑥ (汉) 班固：《汉书》卷六十五：东方朔传第三十五。
⑦ (宋) 谢瞻：《九日从宋公戏马台集送孔令》。全诗文为：风至授寒服，霜降休百工。巢幕无留燕，遵渚有归鸿。轻霞冠秋日，迅商薄清穹。圣心眷佳节，鸣銮戾林宫。四延沾芳醴，中堂起丝桐。扶光迫西泛，余欢宴有穷。转引自 (清) 沈德潜《古诗源》卷十一：宋诗。
⑧ (明) 王锜：《寓圃杂记》下卷。

记小说《阅微草堂笔记》载："百工技艺，各祠一神为祖。"①

　　手工艺通常具两方面含义，一是需要特别的技能，并以手作为主要劳动工具完成的物品；另一方面是指一种技能。法国作家卢梭在《爱弥儿》中写道："在人类所有一切可以谋生的职业中，最能使人接近自然状态的职业是手工劳动；在所有一切有身份的人当中，最不受命运和他人的影响的，是手工业者"。②通过改造自然物的手工劳动，人类用双手装饰雕琢制成手工艺品，它们不仅用于人们的日常生活，也映射着人们的精神世界。

　　手工艺可以说是艺术的前身，工匠们用他们智慧的头脑、灵巧的双手创造出一件件精美绝伦的艺术作品。"艺术的奠基者是陶器匠、铁匠和金匠、纺织工、石匠、木匠、骨刻匠、画师、裁缝，总之，是手工艺者；他们艺术地制成的东西，不仅使我们心旷神怡，而且充实了博物馆。"③而"在从前手工业生产条件下，工匠们自己设计、自己制造出整个产品，还能把自己的创造性构思和审美性情趣铸入其中，从而使它具有了'生气'，体现了自己的创造个性，成为审美关照的对象。"④因此，在探讨艺术之前，往往需要深入地掌握其运用的工艺或技术。

　　中国传统服饰手工艺有着悠久灿烂的历史，在整个中国文化艺术发展史中，服饰手工艺贯穿其中并占有重要的地位。

　　本书中所提及的少数民族传统服饰手工艺是指：主要运用手工工具，以手工劳动为主要制作方式，创作出的既实用又极具观赏性的中国少数民族传统服饰手工艺作品。重点关注具有突出特色的少数民族传统服饰手工艺，介绍其共性与个性、工艺特色、装饰创造以及新时代传承开发应用等状况。具有简洁、清新、纯朴风格的少数民族服饰手工艺品是根据生活需要而生产的，如蓝印花布、织锦围裙和花带等，既实用又美观，体现出手工艺产品中物质和精神的两重性，反映了劳动人民追求美好、幸福生活的愿望和情感。

---

① (清)纪昀(晓岚):《阅微草堂笔记》卷四：滦阳消夏录四。
② [法]卢梭；李平沤译.爱弥儿[M].北京：商务印书馆，1978.
③ 刘诗中等.中国历代科技人物录[M].江西人民出版社，1993.
④ 方李莉.新工艺文化论[M].北京：清华大学出版社，1995.

(二) 类别划分

少数民族服饰手工艺所涉及的领域非常广泛，涵盖人们生活的方方面面，可以说是门类纷繁，样式众多。对少数民族服饰手工艺的分类认识和把握应该是多角度、多层次的，因此也会产生不同的类别划分，在这里，本书按照手工艺的存在形式、工艺、装饰部位、地域等方面进行分类：

（1）存在形式类别：可将少数民族服饰手工艺分为平面手工艺和立体手工艺。平面手工艺是指在二维空间创作的作品，是在平面物体上进行手工艺制作，如印、织、染等在纸面或布料上创作的手工艺。立体手工艺是指相对于平面手工艺的在三维空间中创作的手工艺作品，如帽子、鞋、背包等一切立体形态的装饰造型物品。

（2）工艺类别：可将少数民族服饰手工艺分为印染、编结、镶拼、刺绣、缀物等。从工艺的存在形式上，又可分为平面式和立体式，不同形式的工艺会形成不同的装饰效果。少数民族服饰风格的形成需要一定的工艺制作来表现，因此，需掌握各类工艺的特点和规律以便于更好的应用。本书按照少数民族服饰手工艺的存在形式，主要从平面式和立体式两个方面来进行梳理和探讨。

（3）装饰部位类别：可将少数民族服饰手工艺分为领部、胸部、背部、腰部、衣襟、袖口、下摆等。不同的装饰部位会对手工艺的设计有不同的要求，对其进行合理配置也是少数民族服饰不容忽视的设计要素。

（4）地域类别：可将少数民族服饰手工艺分为东北和北方地区、西北地区、西南地区、中南和东南地区。不同地理区域的少数民族会使用不同的手工艺方式来制作和装饰其服饰，即便是用同一类别的手工艺，不同地域亦会有各自的特色。

二、少数民族传统服饰手工艺特质

大概从服饰起源的那天起；"人们就已将其生活习俗、审美情趣、色彩偏好，以及种种文化心态、社会观念等沉淀于服饰之中，构筑成了服饰文化的精神文明内涵。服饰是一种民俗事象，它既是民俗事物、民俗行为，又是民俗形态和民俗现象。民俗事象的"符号""象征"和"元素"所具有的跨时空整合功能，为其传承提供了条件。正如邓启耀先生所言："服饰，遮得住人体，遮不住人心，遮不住那深处的灵与欲的世界——那是一方幻化着千古之梦的秘密之境；衣装下遮藏着的民族传统文化心理的'秘境'，也正通过象征性'秘语'悄悄表露出来。"[1]

少数民族服饰通过手工艺传递着各民族的传统文化，它是体现民俗事象的重要构成成分之一，在其服饰民俗事象中具有举足轻重的地位。

《礼记》曰："入境而问禁，入国而问俗，入门而问讳。"[2] 所谓民俗事象，是指"一些创造于民间，又传承于民间的具有世代相习的活动现象，包括思维体系与实施行为。"[3] 民俗事象见之于社会生活的方方面面。民俗不依靠法律、史书和科学验证，而是依靠习惯或可说是依靠传袭力量和心理信仰形态得以传承的。

少数民族服饰手工艺作为民俗事象中的一类，是深深地扎根在民众之中的，反映着民族的心理和精神。在各项民族民间的民俗活动中，少数民族人们穿戴各种特定的服饰使其活动富有特殊的意义，为民俗艺术提供了生存土壤。如诞生礼、成年礼、婚礼和葬礼被许多少数民族称为人生的四大仪礼，不同年龄层面的角色变化是每个人必经的人生经历。而每到人生的重要转折时，少数民族人们往往又要通过一定形式的服饰变化来纪念人生的里程碑，这些都有赖于精巧的手工艺的制作。另外，在人们彼此传递感情的馈赠物品中，有许多都是用精雕细刻的手工艺所完成的服饰品。

少数民族服饰手工艺的最终结果是物，即服饰，它与服饰的行为过程、活动形态紧密相关，其手工艺行为是民俗活动行为，所得物的形态又是民俗现象。

少数民族服饰手工艺所体现出来的民俗事象，不是简单、表面的现象，因为通过精巧的手工艺不仅形成了少数民族服饰的外部形态，而且其中更饱含着丰富的民族文化内涵。所以说，少数民族服饰手工艺符合民俗的基本特征，即历史性、自发性、地域性、承传性和变迁性。

---

① 邓启耀.衣装秘语——中国民族服饰文化象征 [M].成都：四川出版集团，四川人民出版社，2005。
② （西汉）戴德，戴圣.《礼记·曲礼上》。
③ 华梅.服饰民俗学 [M].北京：中国纺织出版社，2004。

(一) 承传性

文化具有后得性，"文化是人类的'社会遗传'……是后天学习所得，而不是先天就有的。"[1] 每个人从出生之日起就处于某个社会群体中，沐浴在一定的文化氛围中，在特定的文化单位中成长并承袭这种文化，向后代传递，这是人的社会属性使然。民俗存在于群体之中，并在群体中世代相传。它是群体在交往中相互产生的具有意义的共同经验，是一个社会群体在语言、行为和心理上的集体习惯。开始只是个别的或偶然的，后来经过"历时性"和"共时性"的积累和交流，不断重复、总结，得到社会的认可，才成为民俗。少数民族民俗文化有其长久的传承性，充分反映着各少数民族过去的文化走向和心态的发展。少数民族服饰手工艺是少数民族服饰民俗文化的一个侧面，作为显性的文化现象，折射出各少数民族的文化心态，直抒人民大众的心声。

民间工匠的技术传承，除采取同官府工匠一样的世袭形式以外，还有拜师学艺、师徒传承的"学徒制"，与家传绝技一样，这也是严重的技术保守型的工匠生成制。而体现民俗事象的少数民族服饰手工艺的传承与习得，多为在祖孙自娱、母女口授、邻里影响等形式中得以代代相传。通过示范、手把手地或是相互交流的途径，以非正规的方式承传下这些手工艺的传统形式，展示出民俗事象的生命力和延续力。

绝大部分的少数民族服饰手工艺艺术品都不是有闲阶级的赏玩之物。民俗产生的民族艺术品的消费对象，大多为世世代代生活在各区域的少数民族人民。少数民族服饰手工艺的艺术劳动和生产劳动相一致，是生产者为本身需要而创造的生产者的艺术。也许这种完全手工操作的民艺作品与工业生产的实用产品的本质差别在于：手工制作凝聚了匠人的心智和经验，怀着制作瞬间的特殊情感，用心去织造。许多少数民族服饰手工艺是由劳动群众按照自己的直觉和审美趣味，自由地创造出来的，是劳动者为满足精神生活需要而进行的一种质朴的、随性的表意而创作的。数千年来，各少数民族比较纯粹的创作目的、创作方法、创作思想，充分体现了物质与精神协调一致的规律。

---

[1] 林耀华. 民族学通论 [M]. 北京：中央民族大学出版社,1997。

少数民族服饰手工艺这一独特的艺术语言包含了人们的审美情趣和意念，积淀了劳动群众的情感和对生命的体验，作为程式化的符号，在民俗中得以传承。它作为一种千百年来传袭下来的习惯和生活经验，是以一定的合理性作为传承依据的。这种合理性源自少数民族的人生观，源自他们最质朴的价值标准。人们将本族群共同认可的服饰手工艺作品进行流传，并不断推陈出新，从而逐渐演变成相对稳定的观念性符号，再通过民众集体意识的渗透作用而深入到个体意识当中，成为共同使用的语汇，并约定俗成而家喻户晓。这种群体意念的表达、群体审美观点的共识以及群体参与的劳动创造，正是其传承性特征的突出表现，使得少数民族服饰手工艺艺术千百年来盛传不衰，形成一种稳定的民俗文化元素，不断传承后世。

(二) 自发性

自发，即自然发生。民俗事象中的少数民族服饰手工艺，往往带有一种源自民众之间的自发性和自为性。这里的自发，是来自民族群体的以不自觉形式 (无意识) 反映出的自觉行为，既没有官方的组织与倡导，又没有个人的号召与鼓吹。其不自觉的形式表现在服饰手工艺的起源与改进，常常是出于偶然而得之，追求的是个人的适意，但却由此而形成了新的手段或形象，令人们耳目一新，进而逐渐仿效并慢慢扩散、辐射开来，最终形成固定模式。所谓的自觉行为，是指改进服饰手工艺的人，在某种程度上花费了心思，从而形成的令其民族服饰颇具鲜活美感的一种行为。例如，许多少数民族的服饰上大都装饰着精美的刺绣图案，而其装饰的部位常常是由于劳动所致最容易破损的地方 (如袖口、肩部等)，用刺绣手工艺装饰出来的图案正好起到了保护服装的作用。又如，彝族十字挑花是彝族姑娘为缝补恋人衣服上被火星烫出的洞而产生的。出于对美的追求，往往会尽量使破旧衣服的缝补之处显得平整好看些，这样就逐渐形成了一种特殊的手工艺装饰形式。这些自发的民俗服饰手工艺事象，没有权威的法令，也不存在书面指示，它只是出于人们发自内心的一种需求，一种对生活的热爱和美化生活的情感愿望。

"中国民俗艺术是在生活中发生，并为现实生活服务的文化表现形式，它的文化内涵和艺术魅力始终无法摆脱创作者的群体意识、情感气质和习俗心理，它是为生活而创造的艺术。"[1] 侗族母亲们刺绣的背带上面用层层的花形堆叠，居中的混沌花是组花的花心，绣满了凤鸟和一层粉色、一层绿色的花瓣，倾注了人类最伟大的母爱精神和对子孙长命富贵、如龙似凤的美好祝愿。如此精巧的手工艺不仅是孩子遮阳避雨的工具，更是一种人本性的自发表达。这种人本能的冲动和约定俗成的手工艺形式，不正是侗族人们一种自发行为的表现吗？世世代代的少数民族妇女正是这样，浸染在浓郁的本民族文化氛围中，自觉地把传袭来的手工艺程式与传递出来的文化意味制作出来，记录着一个个动人的故事。

自发性使得少数民族服饰手工艺没有刻板的桎梏，从而展示出民俗事象产生的纯洁与朴素。少数民族服饰手工艺所以成为中国民族民间美术史中辉煌、灿烂的一页，是因为它是生活在社会最底层的普通人民，在不经意中创造出来的。正是这种不经意，使得少数民族服饰艺术带有率真和鲜活的艺术品质，世代相传，滋润和孕育着一个民族特有的精神和气质。

（三）变迁性

文化变迁是"或由于民族社会内部的发展，或由于不同民族间的接触而引起的一个民族文化系统，从内容到结构、模式、风格的变化"。[2] 一个社会内部（民族社会自身的发展，即进化、发明、发现引起的文化变迁）和外部（与不同民族接触中受到他民族文化传播的影响，而借用或创新导致的文化变迁）的变动都会促使其文化系统发生适应性变化，从而引发新的需要。民俗在传承过程中，并非总是一成不变的维持其形态，有时在历史传承进程中会产生自然的或人为的变迁。而少数民族服饰在传承中，其变迁性颇为明显，从其服饰手工艺的变迁可窥见一斑。

创新、传播、涵化是文化变迁的三个基本过程和途径，少数民族服饰手工艺的变迁亦是如此。

"创新，是文化的质的方面出现了不同于以往任何形式的新思想、新行为和新事物的总称。"[3] 创新主要包括人们运用新获得的知识，创造出可为社

---

① 陈绘．民俗艺术符号与当代广告设计 [M]．东南大学出版社,2009。
② 林耀华．民族学通论 [M]．中央民族大学出版社,1997。
③ 孙秋云．文化人类学教程 [M]．北京：民族出版社，2004。

会共享的新做法、新观念、新制度或新事物的发明和由观察原已存在，但先前未被注意到的事实，使这些事实为文化所用，从而使文化有所增益地发现。少数民族服饰手工艺艺术风格形式及审美理念的形成，首先源自本民族的民俗生活和民族文化。在其发展过程中，与处于共同文化生境中的周边民族之间进行着文化互渗，并沿自身轨迹运行的特点，经历了不断交流、吸收、创造，使其文化不断繁荣创新。

"传播，是一个文化发明创造出来的文化要素乃至文化的结构、体系向本文化之外的地域扩散或转移，引起其他文化的互动、采借及整合的过程。"[1]文化在双向互动的过程中完成传播，正因为传播，许多先进的服饰手工艺才能为各地的民族所共享，从而加速文明的进步。服饰手工艺在民族交往过程中，成为多元文化交流的载体。它体现出文化传播的互动与交融，一方面是各民族内部各支系之间服饰文化交融密切，导致他们彼此间常常互相学习与借鉴服饰手工艺，出现纷繁多姿的服饰文化交流与融合；另一方面，各民族之间的服饰文化传播中的互动交流，也会导致其服饰手工艺表现出多样性的特征。汉族文化的传播对白族文化的渗透是多方面的，白族的服饰习俗中也广泛地融入了汉族的内容。如，许多少数民族在长期的相互文化影响下，形成了一些共同的图案语汇。各族服饰上常常织绣的吉祥图案，有龙凤、喜鹊、蝴蝶、荷花、牡丹、如意等，有的用来象征"五谷丰登"，有的则用"鸳鸯戏水""鱼水相怜"等来象征美好的爱情。

"涵化，是指由两个或两个以上不同文化体系间持续接触、影响而造成的一方或双方发生的大规模文化变异。"[2]文化的变异是为了适应新的生存环境而呈现出的某些具有不同的外部特征，是民俗发展的必然规律。少数民族服饰手工艺在民间社会中生存、繁殖，会随着社会的发展变化产生某些甚至大幅度的变异。随着时代、生产方式、文化教育、风俗习惯、审美趋向的变化，人们新的生理需求不断增长，与之相适应的少数民族服饰手工艺也会发生新的变异。这种变异导致了少数民族服饰民俗的丰富性和庞杂性。不仅有题材、形式的变异，也有技巧、创作方法和审美趣味的变异，更重要的是体

---

[1] 孙秋云. 文化人类学教程 [M]. 北京：民族出版社，2004。
[2] 林耀华. 民族学通论 [M]. 北京：中央民族大学出版社，1997。

现了社会心理尺度下审美观念的更替。相互、持续地文化接触以及文化的传播是文化涵化现象产生的两个前提条件。

事实上，少数民族服饰手工艺在传承中必然会发生变迁，变迁支撑着传承的继续，变迁从某种程度上可看作是一种发展和创新。面对全球化浪潮下的"传统的"服饰手工艺不再是一个文化"遗产问题"，而是一个不断变化的实践，在与其他服装风格（如其他民族）、与西方商业制造的服装和西方时装体系的互动中改造自己。"种族"或"民族"的服饰手工艺是动态和不断变化的，它甚至也有时尚潮流。无论怎样改变地方偏好的定义，世界各地的人们想要"最时髦的"式样的心情是不变的。也许，少数民族服饰手工艺的主要社会意义，并非在于其所表现出来的物与物间的相似性，以及相对应的客观人群分类。用发展的眼光看待少数民族传统服饰手工艺，它的某些变迁是符合历史潮流的，是不可抗的。由于历史的演化、种族的差异和社群传统的不同，少数民族服饰手工艺的传承、变迁、整合是一个复杂的文化过程，涉及物质、精神、社会等诸多层面，其外显和内隐的文化功能结成为一个整体，勾连着过去与未来。因此，在发展和弘扬少数民族服饰手工艺时，既要注重吸取各民族的优秀文化，借鉴国外先进民俗文化成果，同时又要在与这些异质文化的交流中不断实现创新发展，促进其良性循环和可持续发展。

（四）地域性

任何国家和民族的艺术发展，都是与其独特的社会经济、政治、文化、宗教、自然环境等背景条件以及社会劳动实践紧密相关的。作为一项民俗事象的少数民族服饰手工艺也不例外，它有着鲜明的地域性特征。共同地域往往成为划分民族的基本特征之一。[①] 不同的民族，有着不同的文化，不同的地域也会产生出不同的文化。"这是地方工艺赋予手工艺的显著特质，天然材料与风土气候促进了特殊乡土工艺的生长。手工艺被叫作地方性的，从而产生了民族本身固有的种种美"。[②] 所谓"千里不同俗，百里不同风"，正是少数民族服饰手工艺地域性特征的佐证。

---

① 林耀华 . 民族学通论 [M]. 北京：中央民族大学出版社，1997。
② 王海霞 . 中国民间美术社会学 [M]. 南京：江苏美术出版社,1995。

每个民族都有自己特定的地域性服饰文化传统。作为一项民俗艺术，少数民族服饰文化是其先民在顺乎自然、征服自然、发展自己的社会活动中自然形成的，与其发展的一定历史阶段的物质生产水平、生产生活方式和内容、社会心理、自然环境以及政治气候等多方面因素相适应。

少数民族地域性服饰文化传统的形成，首先来自于各民族的自然生存环境。自然界的外在环境为少数民族的艺术创作提供了前提，人们本能地同自然有种纯然的亲近感与和谐的一致性。在各少数民族群众自然情感表达中，将自然形态的原型转化为一种新的形式、新的符号，浓缩出该地域或民族人们的精神意识和生活状态，具有强烈的民俗性和共同性。在绵延数千年的少数民族服饰文化艺术历史中，其服饰材料少有高贵的、专用的，而多为因地制宜，得之天成，取之自然，利用自身所处生存环境中唾手可得的材料来进行制作。以贵州少数民族服饰手工艺中的蜡染为例：由于贵州地处山区，气候温和，植被繁茂，许多地区都盛产蜂蜡和用于染色的蓝草，可以就地取材。这就为蜡染工艺的生存和发展提供了物质准备，从而保证了蜡染工艺的传承。

其次，社会环境是少数民族服饰手工艺艺术产生、发展和生存的背景，一定的生活方式和文化方式决定，并影响其创作动机、形态和样式。特定的民族社会环境，使得这个民族会面临与别的民族很不相同的主题。这使得该民族在其发展过程中呈现某种统一的本质和相似的倾向，这也就是各民族的服饰文化传统。地域的文化积淀、习俗、地貌环境等给该地域的民众意识、情趣、喜好等提供了前提，并留下了深深的印迹。这是人们主观情感与外在事物同形同构的关系所引发，是外在事物的情感化、意识化的结果。另外，每一个民族群体都有着自己特定的社会结构。这种社会结构在其形成时期，或许会受到各种偶然因素的影响。一旦民族群体的社会结构形成，这种社会结构就具有自己相对的稳定性，而相对稳定的社会结构会产生出一种相对稳定的社会倾向，这种稳定的社会倾向会逐步形成自己的民族服饰文化传统。例如，在中华人民共和国成立前，农奴制社会结构保留得较为完整和典型的云南西双版纳傣族中，过去曾有一套等级分明的服饰制度，即妇女衣服上的花线边装饰因等级地位不同而不同。劳动妇女只能装饰一道；"翁"级妇女可以装饰两道；"孟"级妇女可以装饰三道以上，并可以刺绣龙凤图案来装饰。筒裙上的彩圈也有类似的规定：农民不可用花线边装饰筒裙；"翁"级妇女可以镶饰绿色线边，并用银丝线织一至两道彩圈，还可以绣上银色的星星图案；"孟"级妇女的筒裙，则不仅可以用金丝线织三道以上的彩圈，还可以绣上金色的龙凤图案。再有，民族地域性情感、情绪也强化着民族服饰文化传统。民族全体成员对本民族的心理体验，不可避免地会造成一种强烈的民族情感与情绪，一种一切以本民族为重的民族心理，以维持本民族的认同与归属，避免一种失落感的产生。个体消融在群体活动之中，从而感受着民族力量的伟大。民族的命运，通过特定的服饰手工艺交织而成为美丽的服饰图案，而优美多姿的图案，又反映着民族命运的历程。

少数民族服饰手工艺的地域性与民族性相关联。在人类文化史中，各个民族、国家在不同历史时期，都产生过鲜明的地域文化。杨庭硕在《民族文化与生境》中谈道："不同民族的艺术作品不管是从内容到形式，或欣赏的场所及欣赏所必需的基础，一旦离开作品原生地，就会发生变异，甚至发生理解的障碍"。[①]

少数民族人民往往是世代生活在一块土地上，处于自给自足的半封闭状态，很好地保留了原始的本土文化特征。不同的地理环境和气候等条件，陶冶着不同地域居住者的气质，使得少数民族服饰手工艺事象也不尽相同。例如，不同地域的苗族，在文化、风俗、审美心理方面会出现差异，而这些都会直接影响到其服饰手工艺所传递出的造型。从图腾崇拜来看：黔东南苗族崇拜枫木，认为其始祖是姜央由"蝴蝶妈妈"的十二个蛋孵化而成的；湘西及黔东北的苗族认为自己的祖先是龙；武陵五溪苗族则认为他们是盘瓠的后裔，《隋书·地理志》记载了该地区人们好五色，服章多以斑布为饰。而同一地域中所呈现出相同的民俗现象则颇为常见，民族服饰手工艺特色在同一地域内得到集中展示。例如，古龙坡会是广西苗族人们的传统节日，届时方圆数十里的壮族、侗族、苗族、瑶族和汉族人们都来参加，后逐渐成为这一地域人民共同的节日。少数民族服饰手工艺的地域性特征不是孤立存在的，而是与民族性相互交叉与关照的。

---

① 杨庭硕等．民族文化与生境 [M]．贵阳：贵州人民出版社，1992。

(五) 历史性

华梅教授认为："人类童年时期的郑重的'游戏'——早期民俗，可以说是与原始服饰同时诞生。"[1] 少数民族服饰手工艺是在人类社会长期发展中形成的，会受到与人们生活密切相关的礼仪、信仰、风尚、娱乐等民间风俗的影响，是经过社会约定俗成而流行、传承的，是民族历史文化的积淀。

少数民族服饰手工艺斑斓夺目，精巧得令人瞠目。不仅如此，它更有着记古述史、教化仪礼的符号和教育、伦理功能，是民族表达情感，展现独特精神风貌和世界观的一种行为方式。许多少数民族没有文字，但却在没有文字的衣裙上面，通过服饰手工艺装饰出许多美丽的蜡染、刺绣等服饰图案，用这些服饰图案来绘著出各自民族历史的天书。亘古的创世传说、民间信仰、民族迁徙等，一应通过手工艺的完成描绘在服饰上，成为一件件世代随身携带记载民族文化的史册。少数民族服饰手工艺是产生于民俗生活模式和民族文化传统的文化。

民俗在民间的流传是生活使然，少数民族服饰手工艺的内容和形式也要服从其生活和情感的需要。因此，少数民族特殊的自然环境、发展历史以及生活习惯，使得民族服饰手工艺的形式中积淀了丰富的历史、社会、习俗的文化内涵。这种文化的积淀是深厚的，其艺术精神与民族文化精神一脉相承。例如，哈尼族的迁徙史诗或古歌，通过服饰上的刺绣将其民族历史记录下来。云南哈尼族送葬女歌手佩戴的"吴芭"头饰上面，记录了哈尼族远古祖先到现在的全部历史：白色的三级花纹，上半部是蕨纹，象征哈尼族生存的地方是有蕨类生长的温湿地区。下半部是犬牙纹，源于哈尼族人对狗的崇拜。白色花纹左边的"S"形红线，代表哈尼族人曾沿元江南下，直到今天的越南、老挝地区。左起五个三角形，分别代表着哈尼族各个历史时期。右边的三组蓝色蕨纹和犬牙纹与左边的意思一样。佩戴这样的头饰代表着与祖先的历史和灵魂相通，是连接天地人三界的象征。

少数民族服饰手工艺的历史性还表现在不同历史时期的特征标志上。在不同的历史时期，更有其独特的民俗表现。从某种程度上看，少数民族服

---

[1] 杨庭硕等 . 民族文化与生境 [M]. 贵阳：贵州人民出版社 ,1992。

饰手工艺民俗，包括民俗意识和民俗行为的详致程序和严密安排，以及在这一民俗事项中操作者的表现，特别是有关民俗与服饰手工艺的紧密相连，都是某一时代的历史产物。

少数民族服饰手工艺的历史性决定了少数民族服饰本身也呈现出鲜明的时代特征，有着不同的历史风貌。服饰手工艺作为历史记录的方式，始终在民间发挥着重要的作用，成为民族文化的重要载体，折射出少数民族人民在不同时期的审美情趣、社会意识和文化发展的轨迹。

三、少数民族传统服饰手工艺惯制

惯制作为思想的模式或方式，或对行为的认识能力的特征，其背后是指向人类学中的濡化或社会化，但是同时又具有多样性和可塑性。著名法国人类学家布迪厄（Pierre Bourdieu，1930—2002）认为资本的整合形成各种子系统，不同的子系统再分化出不同的惯习。惯习就是被这样的社会因素内化成一种身体的趋势、历史及认知。因此，特定的场域萌生少数民族服饰手工艺中的特定惯习，而这些特定的惯习决定着少数民族的服饰实践。少数民族的服饰手工艺行动是多个场域、各种力量、自我与社会相互影响、彼此互动的结果。

（一）色彩惯制

即便没有牛顿的光谱分析，人们也早就能够分辨颜色。民间流传着"远看颜色，近看花"的说法，说明色彩在人类日常生活与艺术创作中的位置举足轻重。少数民族在长期的发展演化过程中，由于种种原因，形成了对不同颜色的崇尚。这种服饰"色彩的惯习"有其明显的区域性特征，是最易于识别的，往往也是此一民族区别于另一民族、此一支系区别于另一支系的标志。

少数民族服饰手工艺色彩惯习的形成，与所在地区的自然地理环境、气候环境密切相关。生活在不同自然环境中的人，由于受到地理气候的影响，往往对于色彩有着不同的偏爱和追求。少数民族服饰手工艺所创造出来的色彩常常成为其环境色彩在视觉生理上的平衡、补充和协调。例如，土家族人用自然界中的植物染料将衣服染成五颜六色，还将大自然中的山、水、田、林、花鸟虫鱼，仿以实物织成花边、花带镶嵌在衣服上，制作成美丽斑斓的五色彩衣。地理环境对服饰色彩造成影响的差别十分具体而细微。同一民族，同样居住在山地，由于生态环境的细微差别导致了服饰图案色彩构成的明显不同。例如，盘瑶居住在半山腰，阳光充足，四季树木郁郁葱葱，在她们的视觉中比较突出的有黄、绿、白三种颜色，搭配黑色底色，这样就形成了盘瑶刺绣图案色彩明亮、跳跃的特色。蓝靛瑶居住在环境潮湿阴暗、光照差的群山之中，这就形成蓝靛瑶对黑、白和红色等这些强烈对比色的偏爱。她们的服饰图案大都在黑色底色衬托下，红白二色相配，形成强烈的视觉反差。而居住在阳光充裕石山地区的尖头瑶，由于干旱缺水而没有四季葱绿的景色，在她们的服饰图案上除了宗教的红色外，常用的只有白色和褐色，十分古朴。另外，通过服饰图案的色调往往能识别民族和地区的差异。例如，不同地域的苗族，依据生活环境、民族性格和染料制造等条件不同，其刺绣服饰图案的色调也各异。生活在群山环抱的山区人民，以绿色为基调；生活在碧水绕宅的江畔人民，则以红色为主调。如贵州南部的苗族刺绣多喜用绿色、蓝色，色彩对比不强烈。贵州中部则多以红色、绿色、黄色、蓝色等对比鲜艳的色彩，再用金色或银色作为调和色。

另外，少数民族服饰手工艺中表达出对特定色彩的喜爱常常会受到审美价值、思想意识、社会背景等民族习俗和民族心理方面因素的制约。每个民族对色彩都有民族的爱好以至崇拜，而在这种对色彩的崇拜中，不同的民族在认识上常常会有很大的差别。因此，其钟爱的民族服饰色彩也会千差万别。配色根据具体地区民族的审美习惯而有不同的感情意义。例如，广西金秀地区的"盘瑶"织锦图案中，以红色表示吉庆喜瑞，以橘黄、绿色表示忧伤哀悼。土族妇女服饰中五彩花袖衫的两袖，用红色、黄色、绿色、紫色、蓝色五彩布相拼圈而成，犹如彩虹般艳丽。而每个颜色都具有象征和寓意，如红色象征太阳，黄色象征土地，绿色象征树木庄稼，黑色象征矿藏，蓝色象征蓝天。

少数民族服饰手工艺的色彩观念源自于长期自给自足的社会条件，精神方面受到外来干扰相对较小。相对封闭的状态促使人们将自发精神冲动地表现出来，作为整个社会存在的一个部分，或者说作为色彩艺术活动的一个原系统，它在自发中做到了自由的创造，这是少数民族服饰的色彩令人觉得清新可喜的主要原因。另外，少数民族服饰手工艺的色彩中还蕴含着人们在发展过程中所积淀的民族远古色彩观念。例如，土家织锦经线的主体色调以红色和黑色为主，可能是受到"楚俗尚赤"的影响。

而红色与黑色的象征意义也直接指向生命本体。从更为深远的人的生命意义上看，几百万年的光色作用始终影响着人的生理和心理对色彩的反应。在土家织锦图案的色彩中，夸张的是色彩的本质，是源于人的生命本能的色彩反映，所以其色彩具有感人的色彩形式。

少数民族服饰手工艺创造中的色彩选择，既是出自生命本能的、自发的色彩创造，同时又具有人类学文化内涵的色彩象征。其中所含有的整体色彩的表达意义，潜移默化地影响着本民族人们的审美习惯，形成本民族人们色彩经验的世代传袭。

(二) 图案惯制

中国传统服饰的平面式结构，使得人们格外关注和喜欢图案，在二维空间上进行丰富多彩的图案装饰。服装上的图案惯习对中国服饰产生了巨大的影响。早在唐代武则天时期，百官就被赐穿绣有图案的官袍，文官绣禽，武官绣兽。到了明清时期，官员们身着颇具特色的补服，上面绣有禽、兽纹样的补丁，被用来区分官位等级。少数民族服饰手工艺当中表现出来的图案惯习通常与神话传说、历史、仪式、社会规范以及民间信仰紧密相连。

1. 少数民族服饰图案与礼仪标记

诞生礼、成年礼、婚礼和葬礼被许多少数民族称为人生的四大仪礼，不同年龄层面的角色变化是每个人必经的人生经历。少数民族十分重视服饰仪礼，在不同的文化背景下，不断变化着服饰以表示角色的转变。因为他们认为"人生礼俗，是自然人社会化的一种文化行为；人生礼俗中的换装仪式，则是他所属群体赋予的一种象征化标记。"① 从出生、成年、婚礼直至葬礼，少数民族服饰上的图案也随之不断变化。

无论是闹市还是僻乡，无论是在偏远的亚马孙森林深处，或是撒哈拉

---

① 邓启耀．衣装秘语——中国民族服饰文化象征 [M]．成都：四川出版集团、四川人民出版社，2005。

沙漠的中央，或是北半球的极地地区，我们都可以看到许多充满象征意味的婴儿服饰装饰，在各民族中都极为流行。例如，彝族人为出生的婴儿准备的服饰一定是虎头帽、虎头鞋和虎纹兜肚，因为彝族人自认为是虎族，为婴儿准备这些饰有虎纹的服饰，意味着虎族对新成员的血缘关系的认可。婴儿出生后，与诞生礼相关联的命名礼、满月礼、百日礼、周岁礼以及保命护魂礼俗等也都与服饰图案相关，或通过一定的服饰图案来实现。

少数民族以服饰及图案作为成年礼的特定象征物的情况十分普遍，在特定的仪式上，它们拥有特定的文化含义。如果说诞生礼是婴儿得到血亲的承诺，那么成年礼则是孩子得到社会和神灵的承诺。对于行成年礼的孩子来说，无论是心理上或是文化氛围上都是一次新生，通过服饰及图案的变化来表演着这种新生。例如，在西南地区彝族、白族、哈尼族、傈僳族、畲族等少数民族为少女举行成年礼的主要仪式，就是通过改饰换装来完成。他们会为少女佩戴一顶俗称鸡冠帽、凤凰帽的帽子，这种帽子边缘为波状，外形如鸡冠，而下身服饰则由裤子换为花裙，用来象征着少女已经成熟。尽管各少数民族的成年礼各不相同，但由于文化或宗教因素的作用，许多少数民族把成年礼看作是一次神灵允诺的"再生""换岁"或是"变人"仪式。

婚礼是履行家庭承诺的一个象征性仪式。结婚改饰的风俗，在中国许多少数民族中都很普遍。例如，苗族、哈尼族等新娘需要佩戴重达数斤（1斤为0.5千克）甚至十几斤的银饰，好似披枷戴锁一般，象征着用饰物锁住新娘的魂魄，买断其终身。云南彝族姑娘出嫁时，要准备自制的绣花布鞋，不同图样的布鞋送给不同辈分、角色的男方亲家，如送阿奶古朴厚实的鞋，送嫂嫂绣有"鸳鸯戏水"图案的鞋，送小姑绣有"喜鹊串媒"的鞋等，以显示新娘的贤惠和对夫家的祝福。

葬礼是各少数民族人生礼仪中的一个大礼，有很多的仪式和禁忌，同时也是人生当中最后的一次换装改饰。许多少数民族的服饰图案与祭礼有着密切的联系。例如，苗族男女服饰上的铜鼓纹就与他们在重大祭礼当中使用的铜鼓的纹饰十分相似。而彝族葬礼中女祭司身上所穿的贯头衣上，除类似铜鼓上的圆形日纹、水纹或云雷纹外，还会用各种颜色的三角形拼缀成图案。

历史悠久、风格独特的少数民族服饰图案，正是这样紧紧围绕着人生的四大礼仪（即诞生礼、成年礼，婚礼和葬礼）以及其他习惯所规范的服饰制度，既是传统礼仪的一种物化，也是一种外化标签，对同一社会中的人起着规范化、象征化的指定作用。

2.少数民族服饰图案与历史

各民族的审美心理结构依赖于历史的生成和积淀。服饰图案不仅是一种展示美的形式，同时也是各民族历史文化的载体。尽管各少数民族的生产生活方式、社会结构、文化模式、思维方式以及物质、精神文明条件等都具有本民族的鲜明特征。但是，在不同地区的各少数民族中，几乎都有一些形象固定、世代相传、程式化地表现民族历史、故土迁徙的服饰纹饰，用它们来传承史迹。

苗族妇女盛装服饰诸图案的主体就是其历史文化的象征。例如，苗族服饰中最有特色的架纱披肩，上面绣方形图案，正规式样为三道，象征着首领的练兵场和令旗，与苗族古歌中"格蚩爷老练兵场上花三道"的描述相吻合。两块披肩，两头的部分叫作"搞"，上面的纹饰叫"鲁老"，代表过去京城的城市和街道；中间的部分叫作"苏"，上面的纹饰叫"凿苏"，形如耳杯形菱形纹。

3.少数民族服饰图案与民间信仰

在传统少数民族人们心目中，世界是充满精灵的。"天有天神，地有地鬼，山有山妖，水有水怪，兽有兽精，树有树灵，人也有不同种类和不同性质的魂魄。"[1] 这就是他们万物有灵的精神世界。少数民族人们用服饰手工艺构筑着一道道人与外界的防护装置。或用现实的或幻想的形象，寄寓祈福求吉的观念，或用具有巫术和宗教观念的符号，通过服饰的图案来成为他们的护身符。

"头等重要的事实是，风俗在人类经验和信仰中起着的那种占支配地位的角色，以及它可能表现出的极为巨大的多样性。"[2] 中国少数民族的原始宗教信仰五花八门，从地域或类型上，则以北方的萨满和南方的傩文化著称，

---

① 邓启耀．衣装秘语——中国民族服饰文化象征 [M].成都：四川出版集团，四川人民出版社，2005.
② [美]露丝·本尼迪克；何锡章，黄欢译．文化模式 [M].北京：华夏出版社,1987.

形成了中国少数民族原始宗教和巫术信仰的两大特色类型。反映在服饰及图案上也各具特色，萨满幻形、傩则幻面。例如，萨满信仰中将人幻形为鸟，这在满族、达斡尔族、鄂温克族、鄂伦春族、赫哲族等都有所体现。满族人萨满服饰上镶嵌有各类禽兽图案，或用禽兽骨、羽来装饰。因为满族人认为，萨满要使自己能飞到神的居所，就要类似于善飞的灵禽。在萨满法师的神裙上面，或者粘贴羽毛，或者刺绣鸟纹、云纹及水波纹，用来象征萨满脚踏云浪，化形飞翔。在神裙的飘带或围腰上则用彩色丝线刺绣日月、树木、花鸟、飞禽、鹿、蛇、蜥蜴、狐狸等动物。这些动物图案，既可以显示萨满与自然诸神的关系亲密，又暗示着萨满无所不能的幻形本领。幻面祈吉则是南方少数民族常用的服饰图案习俗。

4. 少数民族服饰图案与神话传说

"我们不再会怀疑，打开迄今为止还不能理解的主题的钥匙从现时仍然流传的神话和故事中是可以直接获得的。"[①] 神话，影响着人们的信仰、习俗，影响着绘画、建筑、音乐、诗歌等艺术，同时也被折射到服饰世界中。中国的民间服饰装饰很多是与神话有关系的，少数民族服饰艺术也不例外，在服饰图案上受到神话传说的影响也很多。

各少数民族的民间传说故事，为其服饰图案创作提供了取之不尽、用之不竭的素材。在没有文字的民族中，人们习惯将神话故事、历史事件以及他们需要记录的一切，描绘在与身相随的服饰图案上。神话是少数民族文化及社会心理的一种象征化的投射。"这些随身穿戴的'神话'，经过千百年的神秘传承，渗透了民族集体意识的'原始心象'，同时也凝固化、形式化在民族传统文化——心理约定俗成的服饰性质、图案和色彩中，成为一方美丽的'密码'，一件象征的艺术作品。"[②] 例如，苗族古歌《开天辟地歌》中的《运金运银》章节，主要叙述了云、星、雷电、金、银、龙、鱼、虾、螃蟹、麻雀、树木、花草等自然界的动植物和自然物是怎样帮助其先民打败敌人、完成大业的故事。而表现在苗族服饰纹饰中的每种动物、植物纹样都蕴藏着

① [法] 克劳德·列维—施特劳斯；陆晓禾、黄锡光等译. 结构人类学——巫术·宗教·艺术·神话 [M]. 北京：文化艺术出版社，1989。
② 邓启耀. 衣装秘语——中国民族服饰文化象征 [M]. 四川出版集团，四川人民出版社，2005。

一个优美动听的传说故事，其产生和天地的开辟、神灵等一样古老和神秘。

5. 少数民族服饰图案与社会规范

穿衣自古就有一定的规矩。不同角色的人穿什么和怎样穿，反映了在特定文化模式下对角色的社会规范，而不同角色通过服饰的社会规范来实现自己的角色认同。少数民族往往也会通过服饰来传递性别、族别、婚姻状态、社会地位、财富状况等信息，在服饰图案的背后，隐藏着内涵丰富的文化信息。

男女服饰的差异，既是自然规定的，又是文化所铸成的。例如，古代景颇族男女都穿裙子，唯有通过裙子上的图案来区别出男女的差异。而从服饰图案上辨别异族的需要，则出于对同群体的人进行社会规范，对异群体的人加以文化标志的需要。民族的识别与命名，往往离不开对服饰的描述。例如，自称为"老黑彝"的彝族妇女，佩戴黑色帽饰，上面有银泡镶嵌，被称之为"凉帽"，传说是为了仿照过去京城城楼的样子而制作。帽子上端搭有一方巾，称之为"袈山安"，方巾的尖角与凉帽的尖角搭在一起，用来象征城楼。方巾为整块的黑布，上面镶有花边，中间留出方形黑底。老黑彝的衣裤也为黑色，上衣用银泡装饰，正中有一个四方形纽饰，传说是汉族皇帝赐封的大印。

在少数民族的服饰中，还折射着有关婚恋习俗的古老信息。进入婚恋时期的青年男女，通过着意装扮修饰，通报着各自恋爱和婚姻状况。例如，从哈尼族妇女的头饰上，可以准确地说出她现在所处的状态或是正在进入什么角色。如果她的头上后部佩戴有一种叫作"欧丘丘"的装饰，代表她已经年满十七岁，可以向她求爱。如果她留了鬓角，则代表她芳龄十八，可以准备出嫁。如果她在"欧丘丘"上面包了块黑布，说明她已有归属，其他人就不要再来纠缠。而云南彝族姑娘的鸡冠帽，也因佩戴的方式不同，传递出不同的信息：未成年少女正戴，恋爱中的少女歪戴，要是已经定下意中人，则前后倒戴，既是对自己的约束，也是警示其他人。婚后，鸡冠帽则不许再戴，否则会被视为不正经、道德败坏之人。

在等级森严的阶级社会里，服饰的形制、材料、颜色、图案等，直接反映了人们的不同社会地位和等级尊卑。用服饰图案作为政治或宗教等方面的象征，以此来强化角色地位，在少数民族服饰当中早就习以为常了，哪一等级的人穿什么衣服，饰有什么图案，都有严格规定。例如，上述提到的云南西双版纳傣族妇女筒裙上的纹饰等级制。

藏族盛装服饰中，人们把几乎所有拥有的金银财宝、珍珠玛瑙，稀有的绿松石、蜜蜡丸、天珠、经卷以及古佛像等文物都一一披挂在身上，象征着家庭的富裕。类似的将财富披挂在身上的习俗的少数民族有很多，如怒族、彝族、哈尼族、傈僳族等，他们将白色的贝类饰物装饰在身上，作为一种财富的象征。甚至在西南一些少数民族当中，直接用银圆、银币等作为饰物的做法也相当普遍。

任何服饰的成型都离不开工艺加工。一个民族所在区域的特产是物质基础，一个民族的传统手工艺的风格来源于民族传统意识、传统技术以及每个民族所具有的独特审美趣味和审美标准。少数民族服饰手工艺的传承主要是通过言传和身教的方法一代代传递下来，鲜有详细的体系、完整的教科书和细致的服饰手工艺制作笔记。而许多少数民族服饰的民族特色正是通过工艺惯制来体现的，例如白族的扎染服饰、苗族的蜡染服饰，等等。惯制这一历史的产物乃依历史所产生的图式，在塑造少数民族妇女个人和集体的服饰手工艺实践，进而又再造出历史。

第二节　少数民族传统服饰手工艺概览

中国幅员辽阔，地域广袤，民族众多。汉民族与少数民族共同创造了中国的璀璨文化。中国少数民族总人口占全国人口总数的8%左右，但他们居住的面积是全国总面积的50%～60%。少数民族服饰是中华服饰的重要组成部分，其服饰手工艺也是中国服饰艺术的重要内容之一。

中国的少数民族服饰文化古老、深远而博大。由于分布广泛，各自所处环境的不同，各地区的少数民族逐渐形成了各不相同的民族文化，不同的民族文化又创造了五彩斑斓、异彩纷呈的民族服饰。由于各民族居住情况、生活习俗、经济生活和文化发展各有差别，各民族服饰手工艺的类型、色彩等亦呈现出不同的风采。因此，不同地域、不同民族的服饰手工艺会千差万别，即便是不同地域、相同民族的服饰手工艺也同样会有所差异。下面就我国少数民族分布的几个主要区域，对典型的少数民族服饰手工艺做简要的概述。

一、东北、北方地区

东北、北方地区地处中国的最北部，包括辽宁、吉林、黑龙江和内蒙古自治区，主要生息着蒙古族、朝鲜族、满族、达斡尔族、赫哲族、鄂温克族和鄂伦春族等少数民族。这一地区少数民族主要穿长袍，各民族袍服形制大致相似，仅在长袍的款式、质地等方面存有差异。袍身长者及踝，短者及膝，所用材料一般冬季为皮毛棉毡，夏季用丝绸麻布。

（一）达斡尔族服饰手工艺

达斡尔族源于契丹，其先民于唐宋年间在我国北方地区建立了辽朝，后被金朝取代。元代，达斡尔族汇入蒙古族的契丹、达斡尔，将二者的传统一直保持至今。刺绣、镶边、缀物等是达斡尔族服饰中常见的手工艺。与其他北方少数民族一样，达斡尔族男子长袍的领、衣襟和下摆处也镶有卷曲的花边。不同之处在于，在长袍大襟前胸处镶有一条或两条错位的几何形连续纹样。另外，清代达斡尔族妇女服饰与满族相近，有"旗头"装饰。后来妇女仅在节日或新娘盛装时才讲究头饰，用红色、黄色或绿色绸缎做成帽箍，上面缀饰宝石、贝壳、金银等，有的绣上花朵图案，并在发箍上插两只玻璃珠凤凰或绢缎绒花，形成层次丰富、色彩艳丽的立体图案装饰。

（二）朝鲜族服饰手工艺

17世纪开始，朝鲜人的后裔由朝鲜半岛迁入东北三省形成了朝鲜族。由于历史渊源，朝鲜族服饰深受中原汉族服饰的影响[1]，刺绣是其常见的服饰手工艺。例如，被朝鲜族人称之为"阔衣"的古代宫廷贵族的婚礼服（后流传到民间作为新娘礼服）上，大红色的缎衣绣有金黄色的百花图案和"福""寿"等文字图案。而由蓝色、红色、绿色、黄色、浅豆沙色、浅紫色、

---

[1] 朝鲜族国王的冕服肩部绣有带色之龙，袖口绣有火、宗彝、华虫等图案，下裳前饰有藻、米粉、黼黻等图案，有专家认为：这些图案就是沿袭了中国古代君王冕服上"十二纹章"的图案。

月白粉色组成的七彩绸缎，是朝鲜族特需的丝织工艺品，作为幼儿装、女童装以及年轻女子的节日装。其中，蓝、红、绿色较为鲜艳，其余色彩清亮，加上丝光闪烁，十分靓丽。每条色带为5~6厘米宽，上绣饰花卉、蝴蝶图案，一种色带一种图案，图案作散点错行点缀排列。

（三）蒙古族服饰手工艺

蒙古族人悠久的历史、独特的生态环境以及"逐水草而迁移"的游牧生活产生了与之相适应的民族服饰文化。由于散居各地，其服饰又形成了多姿多彩的地域特点。蒙古人服饰由长袍、靴子、首饰、腰带四个主要部分构成，服饰的主体是蒙古袍，其特点是右衽、斜襟、高领、长袖，下摆基本上不开衩，男袍较为宽大，女袍则以紧身为特点，袍边、袖1：3，领口多绣"盘长""云卷"纹样为饰，同时还镶嵌绸缎花边，并钉缀虎豹、水獭、貂鼠等皮毛。蒙古族服饰手工艺主要通过刺绣、镶边和雍容华贵的金银珠翠等缀物装饰来表现。例如，蒙古族妇女佩戴的辫套和男子腰带上缀挂的烟荷包上也都绣有精美的花草图案或金花银片。而蒙古族妇女的头饰非常奇特、华丽，如"姑姑冠"，在元代就已经流行，如今已婚妇女多戴此帽。典型的鄂尔多斯地区妇女满头用金银珠翠装饰，非常华贵。整个头饰由"连垂"和"发套"两部分构成。"连垂"是已婚妇女脸侧数条小辫上系戴的、用布缝成两个扁圆形或鸡心形的胎垫，布胎垫上密密地缀满珊瑚、玛瑙和镂花嵌玉的金银饰品。胎垫下接黑色的长条绣花辫套。"发套"戴在头顶，与"连垂"相配套。上面缀有12条达玛银花，每朵花心镶嵌一粒玛瑙，向上与发箍相连，额前饰有用珍珠串和金银链组成中间长、两侧渐短的流苏。两侧为流穗，由红珊瑚和绿松石及银连串成，华美的流穗从两颊一直垂于胸前。脑后则是护领屏风，亦用红玛瑙、绿松石镶在金银珠串上。有的发套用翡翠和玛瑙镶饰，更显华贵之气。在发套上还要戴绣有"二龙戏珠"的礼帽，整个头部除脸庞外，全部被金银珠翠的立体图案装饰所覆盖，雍容而华美。

（四）鄂伦春族服饰手工艺

鄂伦春族信仰以自然崇拜、祖先崇拜和图腾崇拜为内容的萨满教。鄂伦春人拥有特征鲜明的民族服饰——狍皮服饰，其服饰手工艺以刺绣、镶边、缀物和绳编结盘绕为主。男子长袍款式为右衽、大襟，襟边、袖1：3和盘肩处镶有黑色薄皮的边饰，前后开衩上端饰有尖顶云纹图案。妇女冬季穿的大襟右衽长袍，长至脚面，左右开衩，盘肩、大襟和下摆处亦镶有黑色薄皮边。这种装饰性的皮边最初是用烧红的铁丝烫出黑色花纹，或将深黄色的薄皮剪成图案后用犴筋缝上，后来多用刺绣来制作装饰。长袍的左右两衩处绣有红色的尖顶云纹，并钉有银泡装饰，立领和盘肩上也饰有做工精细的绣花。下穿皮制长裤，在裤腿上也镶饰云纹。长袍外套的皮坎肩，用黑色薄皮镶边，皮条或绳子盘成花纹的纽扣，也是鄂伦春人粗犷中透出精致的服饰手工艺之一。另外，鄂伦春族人在鞋子、背包、手套以及在腰带上佩戴的烟荷包或针线包上也都绣有精美的、卷曲的、五彩的吉祥纹样。

二、西北地区

西北地区一般指陕西、宁夏、青海、甘肃和新疆维吾尔自治区，这里主要聚居着回族、东乡族、保安族、撒拉族、土族、裕固族、维吾尔族、哈萨克族、柯尔克孜族、锡伯族、塔吉克族、乌孜别克族、俄罗斯族、塔塔尔族等少数民族。这一地区少数民族服饰丰富多彩，各少数民族服饰手工艺也各具特色。

(一) 维吾尔族服饰手工艺

维吾尔族是我国历史悠久的少数民族之一，多信仰伊斯兰教。11世纪，随着伊斯兰文化的东进，伊斯兰教的信仰及服饰深刻地影响着维吾尔族，表现在服饰上则为：阿拉伯纹样取代了传统纹饰成为维吾尔族服饰的主要纹样。维吾尔族服饰制作手工艺十分复杂而讲究，刺绣、扎染、织花、编织盘绕、镶边、缀物等并用，模戳多色印花和单花镂版印花技术更是其印染工艺的独创。

维吾尔族男装服饰手工艺主要体现在白色合领衬衣领口、前胸、袖口处的绣花边饰，长袍袖口、衣襟边、下摆处连绵不断的花草刺绣边饰以及历史悠久、款式多样、纹样精美的花帽上。花帽是维吾尔族人特有的服饰之一，工艺精湛，有刺绣、镶嵌、编织、盘金银线等不同手法。各地花帽也各有特点，如南疆喀什的男子花帽以巴旦姆（火腿纹或腰果纹）纹样为主，四个巴旦姆花纹旋转排列构成帽顶的主体纹样。曼波尔花帽则为细腻的、散点排列的满地花纹，色彩高雅。

吐鲁番的花帽红花绿叶相配，色彩艳丽。而库车的花帽缀以珠串、金银饰片为主要装饰物，璀璨夺目。

维吾尔族传统妇女喜穿对襟长袍，领口、衣襟边、下摆和袖口处镶饰有织绣的绸缎花边，胸前两侧装饰有并排的三条或四条弧形的带状装饰，有的为织金缎带，有的为织锦缎带。维吾尔族妇女不分老少喜穿连衣裙，其中以爱德莱斯绸[1]为上品，花纹由深到浅，活泼自然，形成了别具一格的带有层次感和色差过渡面的独特图案。在连衣裙的外面常套有金丝绒对襟坎肩，冬天则套一件长袷袢或是讲究的绸缎合领或高领外衣，外衣的领口、胸前和两侧开衩处绣有云头如意纹，制作精美的还会用金银线盘绣团花或散花。下身穿着裤口饰有绚丽绣花纹饰的印花长裤。由于维吾尔族信奉伊斯兰教，妇女外出要包头巾，有的用五彩亮片装饰，显得娇艳高贵。而颇具西域风情的维吾尔族妇女花靴，既便于骑射又保暖御寒，上面饰有卷草、折线、水波纹、散点纹等图案装饰，与裤装搭配显示出刚毅之美。

（二）裕固族服饰手工艺

裕固族源于唐代的回鹘，其后裔与汉族、蒙古族等民族长期融和形成裕固族。服装款式与蒙古族接近，男子喜穿高领长袍，系腰带，戴毡帽（毡帽用白羊毛擀成，帽檐后卷，前檐成扇形，帽檐镶有黑色边饰，帽顶有图案装饰）。女子也身穿高领、斜襟或大襟长袍，两侧开衩并绣有云纹图案，两衩、领口、袖口、襟边、下摆处绣有红色窄牙子和黑色宽牙子。裕固族女子戴头面（头面由红色的毡或布作底板，用珊瑚、珍珠、贝壳、玛瑙、银牌等镶缀成立体图案）和辫套，喜着靴子。裕固族服饰手工艺多为镶边、刺绣和缀物的表现手法，图案色彩与服饰色彩的艳丽相谐调统一。

（三）哈萨克族服饰手工艺

哈萨克族人长期逐水草而游牧，主要生活在山区高原和高寒地区，服

---

① 采用扎染经线编织而成的丝绸，其纹样多为变形的水波状、羽毛状，是维吾尔族颇具特色的服饰手工艺之一，详见本书第四章。

装以羊皮、山羊绒、狐狸皮、毛布为材料。从服饰制作手工艺的角度看，哈萨克人除擅长贴花、补花、钩花、缀物等工艺外，更善刺绣，其服饰上多绣有花纹，并有丰富的含义和象征性。哈萨克族男子内穿合领白色衬衣，领口至胸部均有刺绣图案装饰。下穿长裤，膝盖和裤脚处有补花装饰。衬衣外套绣花坎肩，盛装时戴圆形绣花小帽。伊犁地区和阿勒泰地区的男子夏季喜穿丝绒大衣，在翻领、衣襟和袖口处补绣有卷草的图案。伊犁地区特克斯男子穿的绣花麂皮衣裤，在衣襟、下摆和体侧处也装饰有精美的纹饰，有的还有背饰，色彩对比十分强烈。哈萨克族女子服饰喜戴绣花帽，帽上有羽毛状、卷草状的图案装饰。这与哈萨克族崇尚白色，以白天鹅为图腾有关。与信仰伊斯兰教的其他少数民族妇女一样，哈萨克族妇女也要带盖头，在上面有绣花装饰来修饰妇女秀丽的脸庞。北疆高寒地区的人们喜穿皮裤、皮靴。妇女的皮裤上补绣花纹，紧腿的裤口外侧开衩处也装饰有花纹。皮靴的靴面、靴勒、后跟处也绣有图案装饰。另外，妇女们喜欢在浅色的连衣裙外套上深色的绣花坎肩，腰上系绣花腰带或系饰有宝石、金、银的皮带，使服装更富有变化，层次丰富。

(四) 土族服饰手工艺

　　土族是一个古老的民族，主要从事农业，大多信仰喇嘛教。土族的服饰具有十分鲜明的民族特色，其服饰手工艺主要通过刺绣、镶边、拼接、织花、缀物、立体化等方式来表现的。土族男子小领斜襟长衫的胸前镶饰有一块 13 平方厘米的彩色绣花片，腰带上盘绣花草图案，领口、袖口、下摆和衣襟边缘镶有红、黑边饰，下身的围兜上绣有"鸳鸯戏水""富贵长春"之类的吉祥图案。土族妇女绣花小领斜襟长衫上有极具特色的条纹图案装饰，袖子由红、橙、黄、蓝、白、绿、黑七色或红、黄、绿、紫、蓝五色彩布或彩缎拼接而成，称之为"七彩袖"或"五彩袖"，且每种色彩都有寓意。在长衫外套有黑色、紫红色或蓝色大襟坎肩，腰上系两端绣有花鸟虫蝶、云头纹或盘线图案的腰带。腰带上吊有"罗藏"和褡裢。铜、银薄片制成的"罗藏"有兽头形、桃形、圆形等样式。褡裢由三块绣片缝合相拼而成，下端有彩穗。土族妇女的头饰丰富多彩，不同地区也不尽相同。传统头饰"吐浑扭达"颇具特色，上部为织锦制成的半圆形，镶饰五色珠串、贝壳和海螺，额顶覆一红色方巾，额前垂饰红丝穗。后部缀一碗状银饰"向斗"，用银簪固定在发髻上，银簪两端系红穗垂于后背，十分抢眼。有的地区妇女则头戴有檐的礼帽，在帽子上饰有绢花为立体装饰。土族无论男女都喜穿绣花鞋，绣有云纹、花草纹、彩虹纹、梭形格纹等图案。

三、西南地区

西南地区，是指云南、西藏、四川、重庆和贵州等地，这里主要聚居着藏族、门巴族、珞巴族、羌族、彝族、白族、哈尼族、傣族、傈僳族、佤族、拉祜族、纳西族、景颇族、布朗族、阿昌族、普米族、怒族、德昂族、独龙族、基诺族、苗族、布依族、侗族、水族、仡佬族等少数民族。西南地区少数民族服饰手工艺受到地理环境、经济文化类型、历史源流等诸多因素的影响，呈现出多元化发展形势。

（一）白族服饰手工艺

白族以自己崇尚的色彩作为本民族的自称。白族服饰清爽大方，色彩清淡轻盈。其服饰受到民族习俗、心理、崇拜的影响，体现出丰富的文化内涵。例如，与彝族一样，白族人自称为虎的后代，以虎为图腾，民间崇虎的习俗表现为孩子头上戴的虎头帽，脚上穿的虎头鞋以及妇女包头帕上的刺绣虎纹等。白族崇拜龙，视龙神为"本主"。白族妇女有耍龙的习俗，所穿的上衣多前短后长，象征龙尾，以体现自己是龙的后代，并以龙为题材刺绣龙纹祈求风调雨顺、国泰民安。除了虎龙之外，白族人还常在头帕、围腰、挎包等服饰上描绘出牡丹、梅花、蝴蝶、公鸡、人物等预示吉祥的纹样，通过服饰图案起到增强心理上的安全感和自我安慰的作用。在服饰的表现工艺上，除了刺绣、镶边、缀物等，白族妇女还将古老的扎染手工艺运用于服饰的表现中，其纹饰以几何纹为主，繁复多变，加上扎染的水色变化，形成了清新雅致的格调。白族妇女充分发挥扎染手工艺的特点，将扎染与补花等手工艺相结合制成头帕、围裙、腰带、上衣等服饰，十分新颖别致。

（二）彝族服饰手工艺

彝族支系众多，分布辽阔，由于居住的生态环境复杂，经济水平差异较大，其受到社会、环境、文化的影响各有不同，表现在服饰上就形成了鲜明的地域特征。彝族服饰遵循着千百年来本民族在宗教、哲学、美学、习俗等方面的特有文化，表现为尊虎、敬火、多神崇拜和万物有灵的信念。多彩古朴的彝族服饰主要通过刺绣、编织盘绕、贴花、补花、蜡染、镶边、绲边、缀物等手工艺手段来表现，且一件衣服的图案制作可同时使用多种手工艺，不仅美化了服饰，更重要的是将彝族的历史、风俗和宗教融于一体。彝族服饰不下三百种，图案也有千种之多，其题材大致可以分为四类：动物、植物、人物和几何纹样。

(三) 傣族服饰手工艺

傣族源于我国古代沿海的百越族群，主要从事农业，多信仰佛教。傣族以文身为饰、为美、为成年的标志。仅限于男子的傣族文身纹样多为动物纹，服饰图案作为文身的延续，则展示出傣族的审美追求。例如，傣族崇拜龙蛇，男子将双腿文上花纹以示自己是龙蛇的子孙，祈求祖先的护佑。而傣族妇女则在衣裙上刺绣以菱形、三角形构成带状图案，犹如蛇身上的花纹，有的用银泡组合，仿若龙蛇身上的鳞甲一般。傣族织锦是除刺绣、彩色印花、拼接、缀物等工艺手段外，较具有民族特色的服饰手工艺。服饰中的傣锦多为几何纹，例如万字纹、勾纹、回纹、八瓣花等纹样，色彩绚丽明快，制作精良。傣锦被镶拼在服饰的袖口、襟边、头帕、腰带等处，点缀在傣族人黑色的衣裙上，给人以原始、古朴、神秘的美感。

(四) 藏族服饰手工艺

藏族居住面积约占全国国土面积的四分之一，主要从事农业和畜牧业。藏族历史悠久，由西藏吐蕃和部分古羌人融合而成，大多信仰喇嘛教。藏族服饰华丽、繁复，不同地理位置、语言、习惯、生活方式将其服饰分为卫藏、康巴、安多和嘉绒四大区域。藏族服饰手工艺主要有刺绣、织花、扎染、缀物等，主要应用在氆氇围腰、辫筒、腰带、斗篷、头饰等。藏族男女的装饰物可谓缤纷多彩。藏族服饰深受藏传佛教意识的影响，讲究"圆满服饰十三事"。每个人都佩戴护身盒"嘎吾"，有圆形、半圆形、八角形、佛龛形等外形，内装小佛像、经书或圣物。

藏族的服饰图案也受到藏传佛教的影响，因此，在藏族服饰中常用此类图案和"十字纹"补绣于服装的背部或胸部。一些地区氆氇、羊毛斗篷上也印有大量的十字纹，缠腰的织花带也主要以万字纹和十字纹两种符号为主。大量运用缀物手工艺是藏族服饰的显著特色之一。盛装时，头饰、发饰、髻饰、项链、胸饰、腰饰、耳环、戒指等一应俱全。其质地品类较多，有金、银、铜、螺钿、贝类、玛瑙、松石、玉、翡翠、珊瑚、珍珠、蜜蜡、琥珀等。

（五）哈尼族服饰手工艺

哈尼族具有悠久的历史，是由来自北方的氐羌游牧民族与南方的百越农耕民族融和而成的。受到地理位置的影响，哈尼族形成支系众多、服饰异彩纷呈的特点。不同支系、不同地区的哈尼族服饰都有所差异，但都较多地保存着本民族固有的传统服饰特点，具有丰富的文化内涵。哈尼族服饰起到了象形史书的作用，通过图案体现哈尼族人创世传说、祖先崇拜、婚育状态等。例如，元江哈尼族妇女腰系黑色腰带，将被称之为"尾巴"的绣有放射状花纹的箭头状腰带垂于臀后，以象征哈尼族人始祖——燕子的尾部。红河地区的哈尼族妇女在胸前佩戴 1～4 个银牌，称之为"比索"，是"四鱼胸饰"，上面的图案描绘出哈尼人创世的传说，鱼形代表祖先，圆牌及圆形纹样代表日月，小圆点代表海水，表现出哈尼人对鱼的图腾崇拜，纪念创造万物的金鱼娘。元江地区哈尼族妇女则通过不穿绣有花纹的服装，以示其已经结婚且已生育。在哈尼族服饰手工艺中，刺绣的比重不大，多与补花工艺来表现，在服装中大量缝缀银泡、银币作为立体装饰。除了银饰上的花纹显得璀璨夺目外，哈尼人还将银饰作为家庭富有、招财的象征，装饰在服饰上形成特殊的美感。

（六）苗族服饰手工艺

苗族是我国支系最多的民族之一，繁多的支系带来了多姿多彩的服饰。苗族将民族精神与民族信仰物化为苗族服饰，用千姿百态的服饰记录他们的民族历史、祖先崇拜、万物有灵和图腾崇拜等文化内涵。苗族服饰的造型美感也主要通过多姿的服饰手工艺体现在其服饰装饰上。

由于手工艺技术丰富且不受任何局限，苗族服饰的手工艺既有绣，又有染，还有织花、贴花、补花、缀物以及其他各种综合手法等工艺，将服饰刻画得淋漓尽致，异彩纷呈。其服饰手工艺的技艺方式和地区支系的不同，使得同一主题显出鲜明的地方特色和艺术个性。同时，这些手工艺不仅装饰了苗族的服饰，同时也犹如翻看苗族的历史，闪耀着苗族原始艺术的光辉。苗族服饰是穿在身上的史书，从服饰中可以找到其族源、民族迁移等历史。例如，"木梳苗"佩戴的花披肩上以红、黄为主的色线补绣几何形图案，表达对故土的思念，记录着民族迁移的历史。交错的长方形称为"水田纹"或"山水纹"，长方形里的红色布条代表鱼，十字形花纹表示田螺和星星，长长的红线和黄线代表长江和黄河。长期生活在大自然中的苗族充满了对自然万物的热爱与崇敬，用服饰手工艺记载了苗族的万物有灵、图腾崇拜的原始宗教文化。例如，蝴蝶纹描述了苗族传说中人类的始祖——蝴蝶妈妈，苗族人通过各式各样的服饰手工艺，或蜡染或刺绣，将变形蝴蝶装饰在服饰中。可以说，苗族服饰手工艺蕴含着苗族自身的历史印记、生存观念、宗教意识和审美情趣。

四、中南、东南地区

中南、东南地区一般包括广东、广西、湖北、湖南、福建、浙江、江西、安徽、海南、台湾等地。这里主要分布着壮族、瑶族、仫佬族、毛南族、京族、土家族、黎族、畲族、高山族等少数民族。这一地区少数民族服饰带有鲜明的地域文化特征，受所处地理位置气候条件的影响，其服饰除居住在山区的民族外，少有厚重，多用自种自织自染的棉布或麻布制成。

(一) 土家族服饰手工艺

土家族主要从事农业，早在六千多年前，其先民的聚居地已经有了原始纺织。土家族人善以织锦和刺绣美化自己的服饰，其服饰手工艺尤以织锦为特色。土家族织锦图案的构成一为适合纹样或带状纹样，二为棋格状或散点状形成的四方连续图案。原始祖灵崇拜是土家族织锦图案的主要题材内容。据史料记载，土家族祖先以白虎为图腾，其织锦上的传统纹样以虎为题材的居多，现如今还可以看到各种变形的虎形图案。如"台台花"即为虎纹组成，多用作小孩摇篮的围盖（被子）上，求其驱凶避邪。"实必纹"则采用几何形概括性地表现了虎的全貌。还有人认为土家族原始图腾是蛇，"窝兹纹"和"窝必纹"就是大、小蛇花。除了土家锦外，土家族人也非常善于刺绣。土家族人上衣的衣襟、袖口、盘肩常镶饰有云纹，妇女传统服饰的袖口处时常用精致的刺绣作装饰。

（二）高山族服饰手工艺

高山族主要从事农业，兼事狩猎、捕鱼等副业。高山族大多为古代越人从大陆迁入台湾，由阿美人、泰雅人、赛夏人、布农人、雅美人、曹人、排湾人、鲁凯人和卑南人九大族群组成。因所处地域、历史和风俗习惯不同，其服饰也各不相同。高山族人通过刺绣、补花、织锦、缀物等作为其服饰的表现手段，其中，比较有特色的是缀珠绣，在泰雅人、排湾人和鲁凯人当中特别流行。泰雅人还喜欢用贝壳、小铃串缝缀在衣服上作为图案装饰，非常精美别致。尽管高山族各个族群在服饰图案上有不同特点，但大都反映出图腾崇拜的特点。典型地体现图腾崇拜的纹样有蛇纹、太阳纹和十字纹。

（三）壮族服饰手工艺

壮族是我国人口最多的少数民族，源于我国古代南方的越人。早在宋代，壮锦就已闻名天下，为该民族服饰的发展奠定了坚实的基础。传统壮族服饰多以自织自染的壮族织锦为服饰面料，为中国少数民族名锦之一。其图案构成多为棋格状的四方连续，以直线、虚线、万字纹、井纹、云纹和雷纹形成45°、60°或90°骨架组成棋格状，在格内装饰几何化变形花鸟纹样。从服饰图案的取材上看，多见花、鸟、虫、鱼、马、狗、龙蛇等自然纹样和雷纹、万字纹、十字纹、云纹、八吉纹、双喜纹等传统纹样。由于古百越族对龙蛇、凤鸟、蛙有崇拜的习俗，因此这些纹样在壮族的服饰中占有较大的比重，人们用其祈祷平安与幸福，以求庇护，"这既是图腾崇拜的影响，也是审美观念的物化"。[①]除此以外，壮族的刺绣、镶边和缀物装饰也是其擅长的服饰手工艺之一。例如，广西红水河流域壮族妇女上衣在盘肩、襟边和袖口上镶黑色宽、窄边各一条，并绣上五彩花卉纹样，图案结构复杂，色彩瑰

---

① 钟茂兰. 民间染织美术 [M]. 北京：中国纺织出版社,2002。

丽明快。与上衣相呼应，裤子的裤口处挑绣着精美的五彩凤鸟纹，夸大变形的羽冠和尾饰十分生动、自然。云南布依壮族妇女的上衣，除了在袖口和衣摆处绣有精致的花纹外，还在领沿、襟边和弧形下摆处缀有银泡装饰，凸凹与立体的图案相结合，非常别致有趣。

（四）黎族服饰手工艺

黎族是我国古老的民族，和高山族一样，属于古百越人的后代。黎族由于历史上迁移的时期不同，形成了五大方言区。各方言区的人们所处环境、生活习俗的差异，服饰风格也各不相同。黎族历时久远的文身习俗对其服饰图案的形成关系紧密。服饰图案是文身的延续，继承了文身的图腾崇拜、审美需要、氏族部落识别需要等功能。黎族服饰手工艺在纺、织、绣、染方面都有所体现，制作工艺较为复杂。其中除了富丽多彩的特色黎族织锦外，其著名的绞缬工艺也颇具特色，如东方美孚黎的"絣花织布"（扎染经线的织锦）筒裙。包含金银线盘绣、羽毛绣、纳纱绣、双面绣及锁绣等多种针法的刺绣也是黎族服饰图案的表现方式之一。而织绣结合的装饰手法同样为黎族的服饰图案增色不少。值得一提的是，黎族妇女的多圈耳环是一种极为独特的装饰品。

当我们对少数民族服饰手工艺艺术进行一番巡礼之后，可以感受到：少数民族服饰手工艺艺术是伴随着民族的漫长历史产生和发展起来的，是一个内涵丰富、积淀了民族深层文化信息的智慧宝库。在中华民族大家庭丰富、多元的大背景下，在民族传统世世代代的传承演变中，集中体现了少数民族人民崇尚自然与生命的本能，以及繁衍生息的朴素愿望。少数民族服饰手工艺艺术的种种形式，凝聚着普通人民祈求富贵吉祥、消灾避邪的精神需求。这些最现实、最基本的人生要求，正是普通民众千百年来为之劳作奋斗的人生理想，也是少数民族民间艺术中长盛不衰的主题。

第三节　少数民族平面式及立体式服饰手工艺

一、少数民族平面式服饰手工艺

(一) 直接织花

1. 织锦

　　锦由"金"字和"帛"字组成,《释名》中载有"锦,金也。作之用功重,其价如金,故制字帛与金也",[1]足见锦的高贵宛若黄金一般。古代文献中"锦衣绣裳"[2]、"锦衣狐裘"[3]、"衣锦装衣"[4]、"衣锦尚纲"[5]等诗句,证明了锦与人们服饰生活的密切关系,华丽精美的锦衣是古代贵族尊崇身份的重要标志。在《诗经》中还记载了锦的制作方法:"萋兮斐兮,成是贝锦"[6],贝锦即织成贝形花纹的锦缎。

　　"织素为文曰绮,织采为文曰锦"[7],锦是一种织有文采的丝织物,是古代丝织品中最为贵重的品种,因为"古代识别丝织物的贵贱往往以有文无文而定,有文者为贵,文盛者为上。锦乃织采为文,文采并茂,外观华丽精美,所以锦在文缯中最为名贵。"[8]织锦是一种重经组织的提花织物,由两个或两个以上系统的经线和一个系统的纬线重叠交织而成。用染好颜色的彩色经纬线,经提花、织造工艺织出图案的中国古代织锦完全以真丝为原料,因此织锦的产生、发展与丝绸材料及工艺的发展密切相关。锦出现的很早,"从实物出土上看已在西周之际,至少有三千多年的历史"[9]。瑞典远东古物博物馆存出土河南安阳的带有回纹绮痕迹的商代铜钺,北京故宫博物院存带有雷纹绮残痕的商代青玉戈,印证了商代已经揭开了丝绸织花的序幕。

　　我国在西周即开始了对纺织丝绸的宫廷织造管制,并将其称之为"妇

---

① (东汉) 刘熙:《释名·释采帛》。
② 《诗经·秦风·终南》。
③ 同上。
④ 《诗经·卫风·硕人》。
⑤ 《礼记·中庸》。
⑥ 《诗经·小雅·巷伯》。
⑦ (元) 戴侗:《六书故·工事六》。
⑧ 余涛,中国织锦探讨 [A]. 朱新予. 中国丝绸史 [C]. 北京:中国纺织出版社,1996。
⑨ 回顾. 中国丝绸纹样史 [M]. 哈尔滨:黑龙江美术出版社, 1990。

工"，为西周国之"六职"之一，同时"锦"的这种多层彩色丝线提花织物随之诞生，锦的制作将周代纺丝工艺提高到新的台阶，周代织锦花纹五色灿烂，技艺臻于成熟。至汉代则设有织室、锦署，专门织造织锦，供宫廷享用。汉武帝后，中国织锦经"丝绸之路"西传至波斯（今伊朗）、大秦（古罗马帝国）等国。蜀锦至西汉时，品种花色甚多，用途很广，行销全国。长沙马王堆出土的孔雀波纹锦、花叶纹锦、豹纹锦印证了织锦图案形象已由经纬工艺限制中的经花锦几何纹向较为写实的曲线图案表现过渡。初唐的织锦纹样以走兽纹为主，也有部分禽鸟纹，成双对称形式的"陵阳公样"是唐代织锦经常采用的纹样。贞观年间窦师纶被派往益州（今四川成都）主管皇室的织造用物，后被封为陵阳公，他结合丝织的工艺特点设计的"锦""宫绫"花纹，多采用对雉、斗羊、翔凤等对称格式，后人称之为"陵阳公样"，又称"益州新样"。新疆阿斯塔那古墓出土的几十种唐锦、绮绢等丝织品，很多都采用了"陵阳公样"的对称格式。从初唐到晚唐，在云气纹、鸟兽纹、文字图案、几何形纹等传统纹样的基础上，唐代织锦纹样吸纳、融汇了外来文化，实现了由走兽纹为主向写实花鸟纹的演变。到中唐以后，在织造工艺上由经锦改进为纬锦，并出现彩色经纬线由浅入深或由深入浅的退晕手法，在织锦技术可称得上是一个重大改进。这种工艺在原料选择和织锦纹样色彩变化方面更加灵活，使织锦纹样致密美观，配色更加丰富多彩。

至宋元时期，织锦在花纹图案、组织结构、织造工艺技术等方面又有了新的发展，逐步演变形成了独特的宋锦[①]、织金锦[②]、妆花[③]等技艺特色品种而流传于世。宋代民间的蚕丝生产和织帛生产开始有了分工。北宋宫廷在汴京等地建立规模庞大的织造工场，生产各种绫锦。宋代织锦吸收了花鸟画中的

---

① 宋锦是宋代开始盛行的纬三重起花的重纬织锦，图案形式上常设有各种秀丽的格子藻井，其中布置了各种动物和花卉作为主花，在周围格子中又巧妙安排了各种几何小花纹，图案规整庄严。主要产于苏杭地区，多用于装裱书画。蜀锦、宋锦和云锦为我国各具特色、誉满中外的三大名锦。
② 一种加金的丝织物，最初由阿拉伯工匠以金丝色线织成，地色与金丝交相辉映，形成富丽堂皇的特殊光泽效果，已远不是"添花"所能形容，故亦名织金锦，又名纳石矢。
③ 原意是用各种彩色纬丝在织物上以挖梭的方法形成花纹，在汉唐的一些挖花织物上均有出现，至宋元期间已广泛应用。构成方法是在地纬之外，另用彩纬形成花纹。应该用在缎地则为妆花缎，用在绢地上则为妆花绢。至清末，妆花为妆花缎的简称。妆花缎是在缎地上以各色彩纬织出花纹，同时以片金线织于花纹边缘。

写生风格，图案形式显得更加生动活泼，图案的题材范围也进一步扩大。至北宋时，成都转运司设立锦院，专门生产上贡的"八答晕锦"[①]、皇帝赏赐臣僚的"官诰锦"、"臣僚袄子锦"[②]，以及为广西各少数民族喜爱的"广西锦"。

元朝内廷设官办织绣作坊80余所，机构庞大，集中了大批优秀工匠，产品专供皇室使用。元代织锦最具特色的要属织金锦，新疆盐湖出土的织金锦反映了这种织造技术。出土的织物中，经丝分为单经与双经两种（双经是以两根经丝同时交织），而以单经起固结纬丝的作用。金线织绵的特点是以单丝覆盖并固结金线，可使金色充分显现于织物表面。

明清两代织锦生产集中在江苏南京、苏州，除了官府的织锦局外，民间作坊也蓬勃兴起，形成江南织锦生产的繁荣时期。明清两代的织锦更趋华丽富贵，纹饰表现更趋繁复，工艺技术越见高深。南京云锦是明清皇家织品的重地，是用传统大花楼木织机、由拽花工和织手两人相互配合，通过手工操作织造来完成的。南京云锦有着"江宁织造"的盛誉，其妆花挖织技艺已见手工织造技艺之极致。

少数民族织锦具有鲜明的地域特征和民族特点，但又受到三大名锦的影响。历代中央政权所需的马匹依赖于丝织品的交换，这样三大名锦就流入民族地区，对当地的纺织业起到推动作用。例如，被西南少数民族称之为"武侯锦"的蜀锦，随着诸葛亮开辟大后方的"移民实边"政策而广泛将织造技艺传播影响于西南少数民族的织锦。织锦技艺也传到了侗族和壮族地区。贵州黎平的侗族织锦非常精美，品种丰富，被称为"诸葛侗锦"。

少数民族织锦多以彩色棉线织造，有"八大名锦"之说，即苗锦、壮锦、瑶锦、侗锦、傣锦、布依锦、土家锦、毛南锦，都因纹彩丰富、厚重秀丽而盛行不衰。除此之外，还有许多其他少数民族如黎族、藏族等也都十分擅长织锦。少数民族织锦风格古朴，色彩鲜艳明快，具有浓郁的民族特色。其纹样多为几何形骨架，图案多为变形的动物、人物、花鸟、鱼虫等，流传

---

① 是锦的一种纹样构成形式，即八路相通。它是由几何图案和自然形图案结合在一起组成的满地规矩花纹，用几何多边形作图案的骨架，在骨架的主要部位填入写实风格的花纹，在次要部位辅以各式细巧的几何形小花。适合室内铺陈和装裱锦匣、字画裱首等用。两宋这种纹饰进一步发展，变化更为丰富，当时有八花晕、银勾晕等纹样，元代称八搭晕，这种图案形式直至清代仍然盛行。
② 宋代皇帝在每年端午节和十月初一赏赐给百官用的一种织锦。

下来有许多传统格式，广泛应用在服饰当中。

（1）傣锦。傣族织锦，当地又称"娑罗布"。傣族织锦起源于汉代，《后汉书》载有："哀牢人。……知染彩文绣。……织成文章如绫锦"。①

晋宁石寨山出土的西汉青铜贮贝器上就雕铸有当时人们纺织的场面：贮贝器为有底有盖的铜鼓形，盖上铸有十八个小铜人，其中纺织者五人，一人捻线，四人用踞织机织布。捻线者身侧挂一布袋，袋内有物，属麻棉之类，织者四人均踞坐，低头专心织造，似有提综、打纬、引纬等动作。专家据该贮贝器中的图像考证这些人物应是唐代之金齿、黑齿等部落之祖先，即傣族之先民。元明时期，傣锦作为贡品上贡宫廷，闻名于世的有技艺精湛的"丝幔帐""绒锦"。

傣锦又叫"佛幡"，傣语为"幌"，傣族人民在朝拜佛祖、祭奉佛祖时赕佛后敬献给佛寺的一种祭祀用品，可见傣族织锦不仅能美化傣族人民生活，而且也是从事宗教活动必不可少的物品。傣锦是傣族精神文化与独特的审美形式完美结合的艺术珍品，既有较高的审美价值，又表现出很强的生活气息，传递出浓郁的宗教色彩。在生活中，它是傣族妇女服饰中必不可少的用品，如筒裙、头巾、挎包、手帕等。傣锦图案形象生动、变化丰富、色彩绚丽、织工精巧，在少数民族织锦中独具特色，享有很高的声誉。

傣锦按材料可分为棉织锦和丝织锦二种，幅宽一般为20～60厘米不等，长短不一。棉织锦基本用通纬起花，丝织锦则既有通纬起花也有断纬起花。棉织锦以本色棉纱为地，织以红色或黑色纬线起花，图案多为狮子、大象、孔雀、树、人物等为单位的二方连续形式。棉织锦主要分布在西双版纳一带，给人以开阔而安定的感觉，线条宽窄错落有致，形体夸张简练，图案规范、质朴，富有装饰性。

由于德宏地处古代南方丝绸之路的要塞，是通往缅甸、印度等地的交通枢纽，加之内地丝织蜀锦工艺的传入与交流，使得这一地区的傣锦织物通常为棉经丝纬。德宏地区的傣锦常用红色、黑色和翠绿色组合，用色较为浓重，图案多为菱形、方形、六角形等几何形，且多为棋格形骨架的四方连续

---

① （南朝宋）范晔:《后汉书》卷八十六: 南蛮西南夷列传第七十六，"哀牢人"即包括傣族在内的云南哀牢山区的少数民族。

图案，构图严谨，纹饰古雅而浓郁。

傣锦是一种古老的纺织手工艺，采用傣族传统的木架织机手工操作，经提花、织造等工艺形式制作成的长条形织锦物。傣锦一般采用高台木架织机，脚踏下板牵动综片升降，形成经线交口。傣族妇女织造傣锦时，先将图案组织用一根根细绳系在"纹板"上，再经手提脚蹬的动作，使经线形成上下两层后投纬，如此反复循环。傣锦起花的部分是利用挑花的方法来形成图案的，织物的表面呈现纬浮纹。整经后的经纱绕在木辊上，穿入分经辊、线综。纬纱则卷在小纤管上，织造时将卷有经线的木辊挂于架上，展开经纱。在经纱上先画好花形，在提综后一梭按照平纹来织，一梭在织入前用挑花木片挑起经纱，然后用双纬色纱线一次织入双根有色纬纱。在织造中，傣族妇女因图案颜色的需要不断频繁换梭，这样的织造方法不适用于织造巨幅细密的织物，花形的设计也不宜复杂。

傣族地区严格的等级制度在傣锦服饰图案中亦有着明确的表现。唐、元之时，贵族上层即"贵者以绫锦为裙襦，其上仍披锦方幅为饰"[①]、"衣文锦衣"[②]的服饰等级区别。如，在西双版纳，丝绵绸缎是最高领主宣慰使及其血亲即"孟"级贵族的专用品；细布为"翁级"贵族穿用；农奴则穿着精布衣料。不同等级贵族妇女织锦筒裙裙角装饰的彩圈、装饰的金丝银线边也有区别：平民禁用花线边装饰，违者"孟""召"级妇女可持剪刀将其剪去；"召"级筒裙可镶绿线边，并可用银丝线织一至二道彩圈，绣上银色星星花纹图案；"孟"级筒裙不仅可用金丝线织三道以上的彩圈，还可以绣上标志"孟"级身份的金色龙凤图案。

（2）土家锦。土家锦，土家语称作"西兰卡普"，汉语称作"土花布""打花铺盖""土家锦"。土家语的"西兰"是铺盖之意，"卡普"是花，"西兰卡普"即是"花铺盖"的意思。土家民间流传很多关于"西兰卡普"神话传说：

> 西兰是一位织工精巧的姑娘，生前她穿针走线，织了有100种花朵图案的西兰卡普。在她寻找新的图案时，受到了嫂子的嫉妒，诬陷她夜里出门私会，败坏了门风，挑唆其哥将她残害。后

① （唐）樊绰：《蛮书》卷八：蛮夷风俗。
② （元）李京：《云南志略》：诸遗风俗。

来西兰变成小鸟含恨离去，但每年清明春雨时节，小鸟飞回山寨催促人耕地春种。土家人为了纪念她，把她织的彩锦取名打花铺盖；将鸟称为阳雀，或吉祥鸟，或'阳花'。西兰成为土家人心目中的织耕女神。[①]

土家锦是土家族的代表性纺织品，至今已有1500多年历史，它源于商周，雏于秦汉，成于两晋，熟于唐宋，精于明清，"沿着土布、寅布、兰干细布、娘子布、苗锦、斑布、土锦、溪布、峒布、土绢的脉络发展到今天的土家织锦"[②]，集中体现了中国少数民族织锦体系的基本特征。

土家织锦是土家族传统文化的杰出代表，在整个民族手工艺文化中占主要地位。土家族妇女一般从十岁左右就开始学习织锦，成年后，其织锦技艺已十分娴熟。

土家织锦以棉线为原料，采用通经断纬的方法，属于纺织中的"挖梭"[③]工艺。俗称"段色纬挖花"的原始织锦手工艺，即在纬向上挑出不同色彩的纱线，挑织时正面浮搁残纬，背面生成图案。织锦经线较细，纬线较粗，以纬克经，图纹部分只显彩纬，不露地经暗纬。这样，生成图纹的每个彩纬边界与地经暗纬之间留有一道空隙，产生雕刻镂空的立体感。由于经纬线的交错，使其更易于表现相对简洁的图纹，不适合表现繁复、具体的图像，与土家刺绣圆润流畅的线条相比，织锦的图案造型较为抽象。土家织锦虽然工具简单，但"其独特的工艺，即经、纬、斜三线斜纹织法，较之其他民间织锦却是唯一的。"[④]

土家织锦有"对斜"平纹素色类型和"上下斜"斜纹彩色类型两大流派。平纹组织结构的土家织锦手工艺称"对斜"，是在普通平纹布面上，以纬线挖花而成，又称为"数纱花平纹素色织锦"。色彩以黑、靛蓝、红和白这四色的其中两种组合而成，多以深底浅花为主。图案明暗对比强烈，起花部分凸起具有浅浮雕感。土家人将斜纹组织结构的彩色织锦手工艺称"上下斜"，这是在"对斜"平纹素色织锦上发展起来的，中心主体结构采用斜纹挖花的

① 古怡，周丽娅. 解读西兰卡普织锦的文化特征 [J]. 武汉：武汉科技学院学报，2004(2)。
② 杜锐，土家织锦艺术 [J]. 合肥：安徽文学，2007(10)。
③ 经线在锦面上贯通不间断，各色纬线仅于图案需要处与经线交织。
④ 刘益众. 土家族织锦艺术的民族特色 [J]. 装饰,2006(10)。

组织结构，又称之为"斜纹数纱花彩色织锦"。"上下斜"斜纹彩色织锦组织结构工艺相对复杂，图案和色彩构成更成熟，风格大器而整体，质地粗厚，结实耐用。其色彩十分浓艳富丽，以黑色或深色为主，大胆运用补色和渐变的色彩，既具有强烈的对比效果，又恰到好处地运用秩序化的退晕手法使对比色得到和谐的统一。

土家织锦图案内容十分丰富、包罗万象、内涵悠久、绚丽多彩，目前已知的约有120多种，大致可以分为八类，即"花草类""鸟兽类""家具用具类""钩花类""天象类""地舆类""意象吉祥类""字花类"[①]。许多图案都是从生活与自然的启迪与观察中得来的。"土家族长期处于喜渔猎不善商贾的原始生活方式，常与飞禽走兽为邻。在织锦中也必然表现他们所熟悉和喜好之物。"[②]土家织锦中折射出土家人的生活方式和土家人对自然生活的体验。例如"岩墙花"就是来源于自然，有人认为是岩墙上的花朵，有人认为是岩墙本身的形状。这些接近几何形状的织锦纹样，虽然是以具象为依据，但并不受到具象束缚。从土家锦图案的形式特征上看，其勾状纹样极多，有的作为陪衬用来装饰主体图案，使形象统一于一种装饰手法；有的主体图案与勾纹无关，但也装饰以勾纹，以勾纹增强装饰性、增强形式美感；有的则以勾纹作为主体图案。例如，勾勾花又称四十八勾，是土家织锦纹样中的代表性图案之一，纹样呈多层次中心扩散，层层关联紧扣。据民俗学家考证，多层扩散表现太阳的光芒四射，为太阳崇拜和母性崇拜的反映。

土家织锦作为民间手工艺的一朵奇葩，在丰富多彩的形式背后，所蕴含的文化特质及多方面的价值功能更是其传承千年而不衰的主要因素，印证着中华民族的多元文化。

2. 花带

花带[③]是一种带状的民间平面织花手工艺品，严格说来也应归于织锦一类。

我国许多少数民族妇女都有织花带的习惯，花带色彩斑斓瑰丽、图案

---

① 辛艺华，罗彬. 土家族民间美术 [M]. 武汉：湖北美术出版社，2004。
② 钟茂兰，范朴. 中国民间美术 [M]. 北京：中国纺织出版社，2003。
③ 也有研究者将其称之为"组带"，如杨正文先生在《苗族服饰文化》中就将花带称之为组带。

多彩、内涵丰富，一般多作为饰物镶嵌在衣裙上，与刺绣、蜡染等共同构成少数民族服饰的装饰手段，除此之外还多用为腰带、头带、飘带等。

花带的起源年代，已无确史可考，但是长沙战国楚墓出土的花带印证了"荆篚玄纁玑组"①的记载，也说明丝质花带是荆楚地区的传统产品。而在苗族传说中，一个聪明能干的苗族姑娘，为避免生活在深山峡谷里的苗族人常遭到毒蛇的侵害，遂将彩线织成一条与蛇长短大小相等、图案相似的带子拿在手里，使毒蛇误以为是自己的同类，从而避免受到伤害。这样，织花带的习俗便在苗族中形成并流传下来。这个传说也许从某一侧面印证了南蛮"文身断发，以避蛟龙之害"②以及"文其身以象龙子，故不见伤害也"③的说法。如今，编织花带在许多少数民族纺织中十分普遍，例如，几乎每一个苗族支系中都有用编织花带专用机或织锦机编织成宽窄不一、品种繁多的花带。花带不仅是少数民族人民的服饰装饰品，同时还成为信物而具有联系青年男女爱情的纽带功能。

苗族织花带的材料有棉线、丝线两种，先将经线预先固定在特制木架上，根据所织图案，安排中间花纹丝线的蓬数（对数），按奇数排列组合，一般二十一蓬至二十九蓬，多可达到百余蓬，花带宽窄取决于蓬数，蓬数越多花带越宽，蓬数越少则花带越窄。经线固定好后，用一根扁长牛肋骨或铜挑刀选出某几支纬线，再以骨刀将经线上下分开，将纬线从中间穿过而后以骨刀正面箝紧，如此反复来回编织。织出的花带图案与绣花、挑花风格迥异，图案有菱形纹、鱼纹、田纹等几何纹，也有双龙抢宝、双凤朝阳、喜鹊闹春等富有吉祥意味的图案，还有文字等。苗族花带的色彩纷杂，配色讲究，既有黑白两色的素带，又有各色底、纹、缘边的彩带。花带色彩对比强烈，鲜艳夺目，具有浓厚的民族特色。例如，松桃地区的苗族编制花带"金搓"，用若干股彩色丝线编制而成，精致小巧，是衣服领袖、围腰、裤脚等处的必要装饰。编制时，将各色丝线绕在四五寸长的竹制绕线卡子上，竹卡下方钻上用来穿绳的小孔，绳的底端坠以小铜钱或小石子，使之垂直。再将丝线头

---

① 《尚书·禹贡》，孙星衍疏认为："玑组，犹织贝之为锦文也。"
② （汉）班固：《汉书》卷二十八下：地理志第八下。
③ （汉）司马迁：《史记》卷四：周本记第四以及刘宋裴駰《史记集解》引应劭的话："常在水中，故断其发，文其身，以象龙子，故不见伤害。"

自上方引出，将线集中绕于小木桶的横梁上，在小木桶外壁上排列好各卡子，就可依图案的要求，挑拣出所需各色丝线，进行组合编制。

侗族的织花带是木梳式手工编织，即将一束白纱的一端钉在柱上或其他物体上，另一端绕在一块宽1寸、长5寸的木梳式竹片上作经线，并置于腹前，竹片两端用绳子系在腰上，用彩色丝线作纬线，进行编织。这种编织方法用具简单，可随身携带、方便易行。但这种方法只能编织一些窄面长条的织物，如腰带、袖口、衣襟花边以及各种背带、系带等。每逢阴历八月十六，在"月堆华"①活动中，侗族姑娘们各自将花带、家织布等用竹竿高高挂起，送给心爱之人，情凝其中，别有意义。

土家族花带土家语称"厄拉卡普"，精巧别致，简单易学，主要用于腰带、裤带、小孩背带、围裙带等，具有古老的"经花"织物特点。有素色和彩色两种，但以黑或蓝底白素花为主，一般宽约一至二寸，长短各异。其织造工艺方法及图案的组织原理与土家织锦"西兰卡普"大同小异，是在土家族妇女中普及面较广的民间传统服饰手工艺之一。土家花带以实用性功能为上，一般多用棉线或丝线，有时也棉丝夹用，以"通经通纬"挖花而成，织出来的花带正反两面同时起花，虽图案相同，但图案两面的阴阳相反，具有双面性。

(二) 印染

1. 印染工艺历史渊源

（1）历史发展。印染又称之为染整，是一种织物加工方式，也是染色、印花、后整理、洗水等工序的总称。我国古代劳动人民很早就掌握了染料的提取，能利用矿物、植物进行织物染色，染出五彩缤纷的纺织品。在距今五万年到十万年的旧石器时代，北京山顶洞人文化遗址中发现了被矿物质颜料染成了红色的石制项链，这印证了古人类已掌握了用矿物染料进行染色的手工艺。

至六七千年前的新石器时代，先民们就能利用赤铁矿粉末将麻布染成红色。青海柴达木盆地诺木红地区的原始部落，将毛线染成黄、红、褐、蓝等色，织成带有条纹色彩的织品。新石器时期出现并流行的还有用树皮布印

---

① "月堆华"为三江等侗族地区的一种青年男女交往的方式，意为"集体种公地"。

制斑纹布。我国华南出土的新石器时代树皮布的石打棒和印刷树皮布花纹的石制或陶制的印模，为其实物证据。商周时期，染色技术有所提高，植物染料较为广泛地被应用。周代染红色使用茜草，其根含有茜素，加上明矾作为媒染剂即可染出红色。

青色，是从蓝草里提取的靛蓝染成的，古代最初使用马蓝来制靛蓝。《荀子》云："青，取之于蓝，而青于蓝"[1]。北魏的贾思勰在《齐民要术》中详尽记录了世界上最早的制蓝工艺："七月中作坑，令受百许束，作麦秆泥泥之，令深五寸，以苦蒇四壁。刈蓝倒竖于坑中，下水，以木石镇压令没。热时一宿，冷时再宿，漉去荄，内汁于瓮中，率十石瓮，著石灰一斗五升，急手挼之，一食顷止。澄清泻去水，别作小坑，贮蓝淀著坑中。候如强粥，还出瓮中，蓝淀成矣"[2]。古代染黑色的植物为橡实、五倍子、柿叶、冬青叶、栗壳、莲子壳、鼠尾叶、乌桕叶等。

人们在实践中发现：织物每浸染一次，颜色会有所加深。由此，染色工艺便从简单的浸染发展到套染及媒染。人们在掌握了染原色的方法后，再经过套染得到了不同的间色，使织物的颜色更为丰富多样。1959年新疆民丰东汉墓出土的"万事如意""延年益寿大杗子孙""阳"字锦等，所用丝线颜色有白、黄、褐、绛、绛紫、淡蓝、宝蓝、油绿、浅橙、浅驼等。新疆吐鲁番唐墓出土的丝织物有二十四种颜色，红色就有水红、银红、猩红、绛红、绛紫五种，黄色也有六种之多，充分反映了当时染色、配色技术的高超。

染色的方法主要有两种：一是织后染，如绢、罗纱、文绮等；二是染纱线后织，如锦。除了染单色外，人们还尝试了印花工艺。我国古代将印花织物通称作"缬"，分为蜡缬、夹缬和绞缬等数种。印花工艺经历了在织物上画花、缀花或绣花、提花到手工印花的演变过程。秦汉时期，人们在染色实践中发现了染色与空白的对比关系，通过控制染色面积和染色形状可以形成空白的花纹，即防染技术的出现。湖南长沙、战国楚墓出土的印花绸被面是最早的印内花织物。长沙马王堆和甘肃武威磨咀子的西汉墓中，也有印内

---

① （战国）荀况：《荀子·劝学》："青，取之于蓝，而青于蓝；冰，水为之，而寒于水。"染青色的染料是从菘蓝和蓼蓝植物中提炼来的，但它的颜色却比原植物更深，喻学生超过老师或后人胜过前人。
② （北魏）贾思勰：《齐民要术》卷五：种蓝第五十三。

花的丝织品。马王堆所出的印花织物用两块凸版套印的灰地有银白加金云纹纱，工艺水平相当高。甘肃敦煌出土的唐代团窠对禽纹绢，即是用凸版拓印的工艺。西南一些少数民族地区首先出现了用蜡做防染剂的染花方法，即蜡染。南北朝时期绞缬工艺出现，是一种机械防染法。出土的唐代纺织品中有多种印染工艺，如用碱作为拔染剂再生丝罗上印花，使着碱处溶去丝绞变成白色以显花；用胶粉浆作为防染剂印花，刷色再脱出胶浆以显花；还有的用镂空纸板印成的大族折枝两色印花罗。

至宋代，我国的印染技术发展得比较全面，色谱也较齐备。明清时期，印染手工艺已经遍及全国，浙江嘉兴、湖北天门、湖南常德、江苏苏州等地拥有较大规模的染坊，并形成了地域性特征。例如，染红色以京口为佳；染蓝色以福建省的泉州、福州及江西的赣州等地最为有名。《闽部疏》记："红不逮京口，闽人货湖丝者，往往染翠红而归之，……福州而南，蓝甲天下"。[①]万历《闽大记》曰："靛出山谷中，种马蓝草为之，……利布四方，谓之福建青。"[②]《天工开物》载"近来出产，闽人种山皆茶蓝，其数倍于诸蓝。山中结箬篓，输入舟航"。[③]江西《赣州府志》云："种蓝作靛，西北大贾岁一至，泛舟而下，州人颇食其利"。[④]

明清染料作物的种植和染整工艺技术都有所发展，染制颜色的种类也越来越丰富。《天工开物·彰施》"诸色质料"篇记载，明代已能染制的颜色，共有二十六种，其中有大红、莲红、桃红、银红、木红、紫色、赭黄、鹅黄、金黄、茶褐、大红官绿、豆绿、油绿、天青、葡萄青、蛋青、翠蓝、天蓝、玄色、月白、草白、象牙色、藕褐、包头青和毛青。《天水冰山录》所记的颜色则有三十四种，而到了清代已可配得七百零四色[⑤]。20世纪初，古老的夹缬、绞缬、葛缬这种纯手工印染方式无法与西方大机器工业化生产相抗衡，新技术的输入使手工印染业受到重大冲击，并逐渐走向低谷。

（2）染业溯源。尊师重道是我国的传统美德，"师道"被列为五尊之一，

---

① （明）王世懋：《闽部疏》：序。
② （明）王应山：《闽大记》卷一一。
③ （明）宋应星：《天工开物·彰施》。
④ （明）余文龙（天启）：《赣州府志》卷三。
⑤ 陈维稷．中国纺织科学技术史（古代部分）[M]．科学出版社，1984。

我国许多地区和行业均有供奉祖师爷的习俗。所谓"百工之事，皆圣人之作也。烁金以为刃，凝土以为器，作车以行陆，作舟以行水，此皆圣人之所作也。"[①] 清代纪昀《阅微草堂笔记》载："百工技艺，各祠一神为祖"。[②] 可见，当时社会上百工技艺都有自己的祖师爷。古代印染工匠，自然也会供奉祖师神像或牌位，烧香、磕头以求保佑。

古代印染业认为东晋著名炼丹家葛洪发明了印染工艺，认其为印染业的祖师爷，也有的认西汉学者梅福为祖师爷，所以印染行的祖师爷就有了葛洪和梅福二圣，奉为祖师，庇佑行业。古时一般印染作坊、印年画作坊、颜料商以及与颜料有关的行业都供奉葛洪、梅福为祖师，有的还会有梅葛庙，即便没有庙的地方也有"梅葛仙翁"纸马神像刷印。到每年四月十四和九月初九这两天祖师爷诞辰，染匠们除了磕头烧香祭祀，以示行业兴旺、后继有人，同行间还要兑份子凑钱，举办集会以议事、交流业内信息。有的大染坊还要摆宴席，同饮"梅葛酒"，请戏班唱戏，以感谢祖师爷的护佑，同时联络同行感情。

葛洪是东晋时著名炼丹家、医药学家，字稚川，号抱朴子。丹阳句容(今属江苏)人，出身江南士族。葛洪继承并总结改造了早期的神仙理论，系统地总结了晋以前的神仙方术及炼丹方法，记载了大量的古代丹经和丹法，勾画了中国古代炼丹的历史梗概，是我国原始实验化学的开创者，对后世化学、医学及印染技术的发展产生了重大影响。他在炼丹中提炼出的各色染料，被后世用来印染布帛和纸张。

梅福，字子真，九江郡寿春(今安徽寿县)人，是王莽摄政时弃家求仙的儒生，曾任西汉南昌尉。增补《搜神记》称：梅福是"寿春人，仕汉为南昌尉，见王莽专政，乃弃家求仙，丹成，复还寿春，飞升而去"[③]。梅福曾在泰宁栖真岩炼丹修行，岩内至今保留其炼丹的石炉。

梅葛二圣虽不是同代人，但他们都曾是炼丹的方士，而炼丹与印染原料有些关系，因此民间传说将二人与印染联系起来。很多地方都有梅葛二圣

---

① (西周) 周公旦：《周礼·冬官考工记·总序》。
② (清) 纪昀：《阅微草堂笔记》：滦阳消夏录四。
③ (明) 罗懋登：增补《搜神记》卷二。

纸马及其传说。

有关梅葛二圣的民间传说主要有三个版本：一说，从前有个姓梅的小伙子无意中跌倒，河泥染脏了白布衣服，使其变黄却怎么也洗不干净，于是发现河泥可以染黄布，人们便穿上了黄色衣服。他与一位姓葛的好友钻研染其他颜色，在试验中风将布被吹落在草地上，于是他们又在无意中发现了青草可以染蓝布。后来，他们又发明了酒糟发酵，使蓼蓝沉淀物还原的染布方法。

2. 灰缬

（1）灰缬历史渊源。"灰缬"古又称"药斑布""浇花布""浆水缬"，即现代俗称的"蓝印花布"，又称"靛蓝花布"，是一种古老的防染印花手工艺。其方法通常是先用豆面和石灰浆制成防染剂，透过雕花版的"明渠暗沟"（即漏孔），刮印在土布上，用以防染。然后以靛蓝为染剂进行染色，最后除去防染剂形成花纹。由于织物纤维丝胶表面质地的变化，而吸收染色液多少不一，故形成深浅不一、青白相间的花纹。

灰缬源于秦汉，兴盛于唐宋。据说，北魏孝明帝时，河南荥阳有个叫郑云的人，曾用印有紫色花纹的丝绸四百匹向当时的官府行贿，弄到一个安州刺史的官衔。这些花纹丝绸是用镂空版彩印法加工制成的。[①] 自宋代嘉定年间归姓创制"药斑布"，很快便流行扩大，部分以生产蜡缬著称的西南少数民族地区也开始生产工艺简便的蓝印花布，从而使蓝印花布成为传统印花的主流。宋代朱辅《溪蛮丛笑》载："溪峒爱铜鼓，甚于金玉，模取鼓文，以蜡刻板印布，入靛缸渍染，名点蜡幔。"[②] 不过，根据现代民间传统蓝印花布的花版制版方法，并通过史料的互印可知：蓝印花布的花版大抵由柿纸或油纸刻成，用柿漆将其浸透，再经桐油涂刷可起防水加固之功效。花版版面油光如蜡，新花版色浅如黄色蜂蜡；旧花版色深如融烧过的旧蜡。所以，朱辅将此类花版误称作"蜡刻板"，实为桐油竹纸版蓝印花布。

蓝印花布在明代时俗称"浇花布"，其工艺直接由宋代的药斑布发展而来。

---

① 吴淑生，田自秉. 中国染织史 [M]. 上海：上海人民出版社，1986。
② （宋）朱辅：《溪蛮丛笑》：点蜡幔。

明弘治《上海志》载:"药斑布俗呼浇花布,出青龙重固(今上海青浦)。……其法以皮纸积褶如板,以布幅方狭为度,簇花样于其上。将染,以板覆布,用豆面等调和如糊,刷之候干,人靛缸漫染成色,暴干拂去,药斑纹灿然。"① 与此同时,药斑布的名称在明代也仍旧沿用,杨循吉《嘉靖吴邑志》载:"药斑布,其法以皮纸积褶如板,以布幅阔狭为度,錾镂花样于其上。每印时以板覆布,用豆面等药如糊刷之,候干方可入蓝缸,浸染成色。出缸再曝,待干拂去原药而斑斓,布碧花白,有如描画。"② 1957年广州市在东山梅花村南面的象栏岗明代工部尚书戴缙夫妇墓葬中发现有蓝地白花、白地绛花的印花布。国家博物馆藏有蓝底白色缠枝花及白色绛底缠枝花布各一片,花纹刻画处理和构成均与当时锦缎纹饰相近,线条粗犷有力,陈之佛先生认为是为了适应印染加工。

明代后期或清代,蓝棉布印花又有刮印花之法。清康熙年间《古今图书集成》记载:"药斑布出嘉定及安亭镇,宋嘉定中归姓者刨为之。以布抹灰药而染青,候干,去灰药,则青白相间,有人物、花鸟、诗词各色,充衾幔之用。"③ 乾隆褚华的《木棉谱》云:"以灰粉渗矾涂作花样,随意染何色,而后刮去灰粉,则白章烂然。名刮印花。"④ 从文献记载看,"刮印花"与"浇花布"似乎在灰剂配方上面略有差别,弘治《上海志》载:"用豆面等调和如糊",杨循吉《嘉靖吴邑志》载:"用豆面等药如糊刷之",而褚华《本棉谱》则载为:"以灰粉渗矾涂作花样"。从印花原理、基本材料及工艺流程看,刮印花都与蓝白印花布相同,应该属于同类印花工艺在发展过程中的技术改进。⑤ 刮印花的"随意染何色",也应不限于染蓝白色的印花布。

蓝印花布有蓝底白花和白底蓝花两种。由于雕版和工艺制作的限制,蓝印花布的图案形象多以点来表现,这也形成了它独有的特色。蓝印花布主要用作衣料、包袱、帐子、门帘、桌围、被面等,在明清时遍及全国各地,其中以苏州最为有名,有"苏印"之称,产品和印花花版远销安徽、山东、

---

① (明)弘治十七年(1504年)郭经修,唐锦纂:《上海志》:卷三。
② (明)杨循吉:《嘉靖吴邑志》卷十四。
③ (清)陈梦雷:《古今图书集成》卷六八一:苏州府部·物产考。
④ (清)褚华.木棉谱.台湾商务印书馆1966年第1版,第10~11页。
⑤ 郑巨欣.中国传统纺织印花研究[D].东华大学,2003。

河南等地。近现代以来，蓝印花布在河南、山西、陕西、四川、广东、广西、江西、安徽、福建、浙江、江苏、湖南、湖北等地较为常见，尤以浙江平阳宜山、湖南湘西、江苏南通等地更具特色。

（2）少数民族灰缬。自宋代开始，蓝印花布的生产中心由原来的中原向南、西南地区转移。蓝白色棉布印花在西南少数民族地区逐渐发展并形成特色产品。例如，盛产在广西地区的"猲斑布"工艺。南宋周去非《岭外代答》载："猺人以蓝染布为斑，其纹极细。其法以木板二片，镂成细花，用以夹布，而镕蜡灌于镂中，而后乃释板取布，投诸蓝中。布既受蓝，则煮布以去其蜡，故能受成极细斑花，炳然可观，故夫染斑之法，莫猺人若也。"[1]从文献的描述中可知：这种印花方法是将夹缬与蜡缬两种工艺进行了结合，猺人先用镂空版夹住布，然后在花版镂空处灌注熔化的蜡液以起到仿染作用，染好色后再用水煮掉蜡即可出花。

"点蜡幔"的"以蜡刻板印布"，则实为桐油竹纸版蓝印花布。"顺水斑"出自清代贵州地方文献《续黔书》："僚有斜纹布，'名顺水斑'，盖模取鼓文，以蜡刻版染布者，出独山州烂土司"。[2]这里记载的"顺水斑"与南宋朱辅在《溪蛮丛笑》所载的"点蜡幔"工艺相同。两者前后时间虽相距五百余年，唯有名称不同而已，因此，"顺水斑"乃仡佬族蜡刻版模取铜鼓纹样生产蓝白印花布的手工艺。清代贵州独山县的仡佬族，在熟练掌握蓝白印花的技术以后，曾以"顺水斑"工艺而远近闻名。

近现代，我国少数民族仍旧喜爱雕版制作"药斑布"。例如，水族人民独特的"豆浆印染"技术，有着悠久的历史。《水族简史》记载了这一工艺的流程："水族人民的印染工艺历史悠久，……花布的印染也有特色，其方法类似蜡染。先将硬纸版刻镂成各种花鸟及几何图案，然后将模板平铺于白布之上，再刷上特制的黄豆浆，待豆浆干爽后即浸入靛缸中浸染，最后洗净晒干刮去豆浆，即出现蓝底或青底白花的图案。"[3]另外，在贵州省平塘、罗甸、独山、三都等布依族地区，也流行豆浆染印花工艺。他们将厚牛皮纸刻出

---

① （宋）周去非:《岭外代答》卷六：服用门·猺斑布。
② （清）张澍:《续黔书》卷六：铁笛布。
③ 水族简史编写组. 水族简史 [M]. 贵阳：贵州民族出版社，1985。

空心花版，涂上柚洞使之耐用。将花版放在白布上，在花版上刷印豆浆、石灰混合制成防染剂，漏印后晒干并投入蓝靛中浸染。最后洗净刮去灰浆，即成蓝底白花的印染花布。布依族常用此种方法印染头帕、枕巾、被面、门帘等，常见图案有铜鼓、凤凰、仙鹤、鱼虫、花草等。

3. 夹缬

夹缬，与灰缬、蜡缬、绞缬并称我国四大传统染色显花工艺。"夹缬秦汉始有，陈梁间贵贱通服之"①，这种印花织物经秦汉首创之后，至南北朝时期已经普及，连普通老百姓也穿这种印花布。夹缬的制作包括花版雕刻、靛青（染料）打制以及夹缬印染。主要工具有铁制框架、雕花缬板、大锅、染缸、竹尺等。经过整布、卷布工序后，进行入靛、搅缸，然后经装花版吊起布版组、染色、浸染、卸版取布、漂洗、晾干等工序印制完成。夹缬的纹样是靠花版夹紧土坯布的防染部分形成的。即夹紧的部分，由于染液进不去，形成留白部分，而其余刻凿的沟渠、条块，则是染液畅通无阻的染色区。

夹缬盛行于隋唐。隋大业年间，隋炀帝曾令工匠印制"五彩夹缬花罗裙，以赐宫人及百僚母妻"②，说明当时已发展了彩色夹缬工艺技术。唐代，纺织印花更是一个色彩斑斓的世界。印花用色多彩、富丽，且以华贵的丝绸为尚。据《唐六典》载："练染之作有六：一曰青、二曰绛、三曰黄、四曰白、五曰皂、六曰紫。凡染大抵以草木而成，有以花、叶，有以茎、实，有以根、皮，出有方土，采以时月，皆率其属而修其职焉。"③可见，唐代染彩色的种类丰富，方法多样。

唐代夹缬以木刻镂空版印花，人们可以从唐代彩色夹缬屏风遗物中一窥盛唐夹缬的风采，如英国大英博物馆收藏的西域出土夹缬残片，日本正仓院收藏的"树下立羊图""花树山鹊图""凤舞树下图"以及甘肃敦煌出土的唐代夹缬残片"红花绿叶连续纹"和新疆高昌故城出土的唐代"深黄地散花"夹缬残片。

《唐语林》云："玄宗柳婕妤有才学，上甚重之。婕妤妹适赵氏，性巧慧，

---

① （宋）高承：《事物纪原》卷十：夹缬条引工仪实录。
② （五代）马缟：《中华古今注》卷中：衣裳门·裙衬裙。
③ （唐）官修：《唐六典》卷二十二：织染署。

因使工镂板为杂花，象之而为夹缬。因婕好生日，献王皇后一匹，上见而赏之，因敕宫中依样制之。当时甚秘，后渐出，遍于天下，乃为至贱所服。"[①]这说明早期夹缬工艺来自民间，由于其染织技术复杂、产量低，一般是为皇家及贵族妇女向平民百姓炫耀其高贵的身份所用。张琴在《五年的蓝夹缬田野考察》一文中推测了唐代彩色夹缬品的工艺制作过程："用两片纹样对称的木版夹住织物浸染。木版深剔底但不透空，仅在每块纹样的局部"底"处钻洞。染色时采用多次上色法，如染红色，就把版"底"上的非红色孔洞用软术塞塞紧，只留出红色版孔洞，然后把整个版放入红色染液中浸染。完成后提出印版洗净擦干。塞上红色孔洞，放开第二种要浸染色版的孔洞，再放入染液中浸染。如此反复，直到全部染完。"[②]

"纺织印花的发展，在经过了唐代气势恢宏的阶段以后历经五代十国及宋、辽、金、夏、元各代渐趋归于平静"。[③]自宋代开始，印染生产中心由原来的中原向南、西南地区转移。而就在宋代对夹缬生产进行制约的同时，辽、夏等少数民族却在广泛地应用这一手工艺。1989年内蒙古赤峰市辽庆州白塔塔顶覆钵内发现了大量形如巾帕的夹缬罗、绢；1974年山西应县佛富寺释迦塔内发现了辽代"南无释迦牟尼佛"套印夹缬绢；还有宁夏回族自治区考古研究所，以及俄罗斯圣彼得堡爱米塔什博物馆的西夏夹缬遗物收藏，这些足以证明辽宋时期北方少数民族夹缬生产的存在。

元代棉花种植普及，黄道婆对棉纺工具的改进和对先进技艺的推广，使棉织品逐渐取代丝、麻织品，成为应用最广的服装用料。由于棉织品吸水率大大高于丝织品，染料消耗巨大，因此彩色印染成本激增，彩色夹缬被迫向单色发展。由于灰缬较木版的夹缬更简单易操作，且大大降低了生产成本，夹缬逐渐萎缩。明后期，随着棉织业、印染业的进一步发展，蓝印花布风行天下，而夹缬已基本被文献记载所遗忘，以致近代学者认为夹缬消逝于明末。直至20世纪70年代初，才发现浙江南部地区的广大的村民，仍把夹缬当作婚嫁，必备礼品。

---

① （宋）王谠:《唐语林》卷四：贤媛。
② 张琴．五年的蓝夹缬田野考察 [J]．西北民族研究,2007(4)。
③ 郑巨欣．中国传统纺织印花研究 [D]．东华大学,2003。

二、少数民族立体式服饰手工艺

(一) 刺绣

1. 刺绣的历史渊源

刺绣又名"针绣""扎花"，俗称"绣花"。在古代，刺绣被称为"黹"或"针黹"。中国刺绣工艺的历史可以追溯到远古时期，据《尚书》记载："予欲观古人之象，日、月、星辰、山、龙、华虫、作会；宗彝、藻、火、粉米、黼、黻，絺绣，以五彩彰施于五色，作服，汝明"，[①]可见，在虞舜时代就已经用五彩章纹做礼服了。

原始时代，人们掌握了在衣服上画缋的装饰手法，但是画上去的花纹会逐渐脱落，牢固性差，后来人们逐渐将画发展成绣，用丝线将花纹绣到衣服上。最初是绣画并用，先绣局部，再用毛笔填彩。周代把绘画、绣、染丝等与丝有关的工艺技术总称为"画缋"。[②]1974 年陕西宝鸡茹家庄西周墓室第三层淤泥中出土的刺绣印痕，经考古工作者分析鉴定，认为这种刺绣是用丝线以辫子股针法在染过色的丝绸上绣出花纹的轮廓线，继以毛笔填绘花纹的大片颜色，这是西周时期绣画工艺并用的佐证。湖北江陵马山砖厂一号战国楚墓出土的大量保存完好的绣龙绣凤绢衾、白绢绣凤衾、绣龙凤虎罗衣、绣凤锦衣，以及香囊、镜套、枕袋、包袱等绣件，纹样生动、流畅，多为龙、凤、虎、蛇、花草、云纹、几何纹、人物纹等，其刺绣方法则全部是用辫绣法绣制而成，没有画缋填彩，这证明了在战国时期刺绣已经发展成为一门成熟的独立手工艺。还有长沙烈士公园战国墓中出土的两片绣龙凤绢、三号墓出土的四幅辫子股绣件，以及 406 号楚墓中发现的绣花绢残片，都是非常珍贵的古代刺绣制品。

由于纺织品不易于保存，早期的刺绣品可见不多，但是从大量的文献记载中，我们可以略知刺绣服饰仅为天子及贵族所使用的情况。周代《诗

---

① 《尚书》：益稷。
② 张乾元. 画缋考辨 [J]. 美术观察,2003(10)。

经》中"黻衣绣裳"①、"衮衣绣裳"②等诗句中对贵族首领盛装的描写。《汉书》云："美者黼绣，是古天子之服，今富人大贾嘉会召客者以被墙。"③

秦汉时期我国许多地区的刺绣手工艺都十分发达。《论衡》载"齐郡世刺绣，恒女无不能；襄邑俗织锦，钝妇无不巧"。④齐郡临淄（今山东临淄）为汉王室设官服三所，织工数千人，每年耗资万万。在前汉武昭之世，不但帝王之家是"木土衣绮绣，狗马被缋罽"⑤，就连一般的富人也"缯绣罗纨，……百姓或短褐不完，而犬马衣文绣"⑥，连帐幔也是"今富有黼绣帷幄，涂屏错跗。中者锦绨高张，采画丹漆"⑦，其奢侈程度可见一斑。蜀地生活享乐而艺能有所工，在汉代号称"女工之业，覆衣天下"，⑧隋代号称"人多工巧，绫锦雕镂之妙，殆侔于上国"⑨，唐宋时则"茧丝织文纤丽者穷于天下"⑩、"民织作冰纨绮绣等物，号为冠天下"⑪，足见成都当时绣艺的妙绝。

汉末、六朝时期，由于佛教的传入出现兴盛绣制佛像的风尚，且出现了人物形象的刺绣纹样，而在绣法上则开始有两三色渐变绣线相间的晕染效果。出土于甘肃敦煌以及新疆和田、吐鲁番等地的丝织物残片绣品，整幅均用细密的锁绣绣制。其中，1965年敦煌莫高窟出土了北魏的一佛两菩萨说法图刺绣残片一件，用彩色丝线绣制出佛像、菩萨、供养人和文字，供养人的长衫上绣有忍冬纹和卷草纹，这是东西方文化交流结果的印证。三国时期吴王赵夫人的刺绣手艺堪称"三绝"，据张彦远的《历代名画记》中记载："吴王赵夫人，丞相赵达之妹。善书画，巧妙无双，能于指间以彩丝织为龙凤之锦，宫中号为'机绝'。孙权尝叹蜀魏未平，思得善画者，图山川地形。夫人乃进所写江湖九州山岳之势。夫人又于方帛之上，绣作五岳列国地

---

① 《诗经·秦风·终南》，"黻衣"，是古代礼服名，绣有青黑色花纹。
② 《诗经·豳风·九罭》，"衮衣绣裳"，是画有卷龙的上衣和绣有花纹的下裳，为古代帝王与上公的礼服。
③ （汉）班固：《汉书》卷四十八：贾谊传第十八。"黼绣"指古代绣有斧形花纹的衣服。
④ （汉）王充：《论衡》卷十二：程材篇第三十四。
⑤ （汉）班固：《汉书》卷六十五：东方朔传第三十五。"缋罽"，为彩色的毛织物。
⑥ （汉）桓宽：《盐铁论》卷第六：散不足。
⑦ （汉）桓宽：《盐铁论》卷第六：散不足。
⑧ （汉）范晔：《后汉书》卷十三：隗嚣公孙述列传第三。
⑨ （唐）魏征：《隋书》卷二十九：志第二十四地理上。
⑩ （元）脱脱：《宋史》志第四十二：地理志第五。
⑪ （宋）杨仲良：《皇宋续资治通鉴长编纪事本末》卷第十三：太宗皇帝·李顺之变。

形，时人号为'针绝'。又以胶续丝发作轻幔，号为'丝绝'（见壬子年《拾遗记》）"。①

　　唐代刺绣绣工更加精美、细致，刺绣图案与绘画密切相关，唐代绘画中的佛像人物、山水楼阁、花卉禽鸟也成为刺绣的纹样。据《杜阳杂编》载，"永贞元年，南海贡奇女卢眉娘……工巧无比。能于一尺绢上绣《法华经》七卷，字之大小不逾粟粒，而点画分明，细于毫发。其品题章句，无有遗阙"②；而唐代同昌公主出嫁时则有"神丝绣被，绣三千鸳鸯，仍间以奇花异叶，精巧华丽绝比。其上缀以灵粟之珠，珠如粟粒，五色辉焕③《白乐天集》中曾有绣佛三事的记载："一绣金身螺髻、玉毫绀目的阿弥陀佛；一绣救苦观音菩萨，长五尺二寸，宽一尺八寸；还绣阿弥陀佛像衣服"。④ 杜甫诗中也有"苏晋长斋绣佛前"⑤之句，记录了唐代刺绣佛像的传统和高超的技艺。还有许多对蜀中刺绣的描写诗词，如"新贴绣罗襦，双双金鹧鸪"⑥、"锦浦春女，绣衣金缕"⑦。而当时女红之盛，从词人们对闺阁的描写可见一斑，如"莺啼残月，绣阁香灯灭"⑧、"后园里看百花发，香风拂绣户金扉"⑨、"桂楼椒阁木兰堂，绣户雕轩文杏梁"⑩、"红楼富家女，金缕绣罗襦"⑪而传世及出土的唐代刺绣颇多，有敦煌石室唐代绫地花鸟纹绣袋、有灵鹫山唐代刺绣释迦说法图、有新疆吐鲁番阿斯塔那 322 号墓吉庆如意荷包等。其刺绣手法虽仍沿

---

① （唐）张彦远：《历代名画记》卷四：吴。
② （唐）苏鹗：《杜阳杂编》卷中，"南海"为郡名，治所在番禺，即今广州市。
③ （唐）苏鹗：《杜阳杂编》卷下。
④ （唐）白居易：《白乐天集》。绣佛即是用丝线在织物上刺绣出来的佛像，其线条流利、纹饰复杂，并运用深浅配色的方法，是佛教供养像的精品。
⑤ （唐）杜甫：《饮中八仙歌》，转引自（清）彭定求等编《全唐诗》卷 216-25，中华书局，1960 年。
⑥ （唐）温庭筠：《菩萨蛮》，转引自（清）彭定求等编《全唐诗》卷 891-19，中华书局，1960 年。
⑦ （唐末至五代）韦庄：《河传》，转引自（清）彭定求等编《全唐诗》卷 892-18，中华书局，1960 年。
⑧（唐末至五代）韦庄：《清平乐》，转引自（清）彭定求等编《全唐诗》卷 892-14，中华书局，1960 年。
⑨ （五代）毛文锡：《纱窗恨》，转引自（清）彭定求等编《全唐诗》卷 893-7，中华书局，1960 年。
⑩（唐）王琚：《美女篇》，转引自（清）彭定求等编《全唐诗》卷 98-22，中华书局，1960 年。"绣户"多指大户人家雕梁画栋的屋宇。
⑪（唐）白居易：《秦中吟》，转引自（清）彭定求等编《全唐诗》卷 425-2，中华书局，1960 年。

袭汉代锁绣，但更多以平绣为主，同时运用多种不同针法及多种色线，而用金银线盘绕图案轮廓可增强立体感，属唐代刺绣的一项创新手法。

宋代刺绣致力于绣画，其绣法严整精巧，色彩瑰丽动人，由日用与观赏两者兼容并蓄，发展到日用与观赏分而治之，且书法和绘画艺术结合紧密，形成了画师供稿、艺人绣制、画绣结合的发展趋势。《初学记》引南朝梁张率在《绣赋》中提到："若夫观其缔缀，与其依放，龟龙为文，神仙成象。总五色而有思，藉罗纨而发想"。[①]据《宋史》记载："三月辛巳，置文绣院，……掌纂绣，以供乘舆服御及宾客祭祀之用，崇宁三年置，招绣工三百人"[②]，徽宗年间又设绣画专科，使绣画分类为山水、楼阁、人物、花鸟，因而名绣工相继辈出，且将书画带入刺绣之中，形成独特的观赏性绣作。据《清秘藏》载："宋人之绣，针线细密，用线一、二丝，用针如发细者为之。设色精妙，光彩射目。山水分远近之趣，楼阁得深邃之体，人物具瞻眺生动之情，花鸟极绰约底馋唼之态，佳者较画更胜，望之生趣释备；十指春风，盖至此乎！余家蓄一幅，作渊明潦倒于东篱，山水树石，景物粲然也。傍作蝇头小楷十余字，亦尊劲不凡"。[③]宋代刺绣不仅绣工精良，且改良工具和材料，采用精制的钢针和丝细如发的线，绣线排列繁缛，出现了接针、齐针、正戗针等针法。20世纪60年代，杭州慧光塔出土的北宋时期罗绣经袱残片，针迹工整，技巧熟练，采用鸡毛针，双面绣制对鸟纹，是我国双面绣所见到的最早作品。1975年福建南宋黄昇墓中出土的大量南宋刺绣品中，78号蝶恋芍药刺绣花边上的四只蝴蝶，神态不同，针法各异。第一只蝴蝶须为接针绣，翅为铺针绣，用齐针绣出圆形斑纹，再用钉线绣出轮廓。第二只蝴蝶须同为接针绣，大翅为铺针绣，小翅则用斜缠针绣出月牙形斑纹，大小翅的交界处用擞和针装饰，再用齐针绣出桂花形斑纹。第三只蝴蝶的翅为抢针绣，中间翅翼颜色略深且为擞和针绣。第四只蝴蝶大翅为铺针，用压针网绣绣出网状纹，小翅为铺针，再用齐针绣三个椭圆形的斑纹。其绣者能够各按绣品内容、用途的不同，灵活运用多种针法，足见其刺绣手法的高超。

---

① （唐）徐坚：《初学记》卷二十七：宝器部·绣第七。
② （元）脱脱：《宋史》卷第一百一十八：职官志五。
③ （明）张应文：《清秘藏》卷上：论宋绣刻丝。

元代刺绣的观赏性远不及宋代，《清秘藏》有记载："元人用线稍粗，落针不密，间用墨描眉目，不复宋人精工矣！……宋人刻丝不论山水、人物、花鸟每痕剜断，所以生意浑成，不为机经掣制。如妇人一衣终岁方成，亦若宋绣有极工巧者，元刻迥不如宋也。"[①]元代统治者信奉喇嘛教，刺绣多带有浓厚的宗教色彩，被用于制作佛像、幡幢、僧帽、经卷。西藏布达拉宫保存的元代《刺绣密集金刚像》，具有强烈的装饰风格。元至正二十六年（1366年）黄绢刺绣的卷轴式佛教《妙法莲华经》，展长2326厘米，宽53厘米，其绣纹为释迦牟尼佛说法图、经文，经文后题跋和护法韦驮像。其中"释迦牟尼佛说法图"刺绣施针均匀细致、设色丰富、构图合理、形象生动，其绣法使用了平绣、网绣、戗针绣、打籽绣、钉金箔、印金等多种绣法。1975年山东邹县出土的几件元代李裕庵墓刺绣裙带、袖边、鞋面，具有较典型的"鲁绣"特点。采用山东传统双丝拈线不劈破的衣线绣手法，图案苍劲雄健，绣法多样，针线细密均齐匀称。在其中一条裙带上还有贴绫工艺，即绣出梅花后，其花瓣为贴绸料后并加以缀绣的做法，颇富立体感。

明代是我国手工艺极其发达的时代，此时传世闻名的刺绣为顾绣。嘉靖年间上海顾氏露香园，以绣传家，名媛辈出，顾名世次孙顾寿潜及其妻韩希孟是一位颇具才华的刺绣名家，善摹绣古今名人书画，尤善绣画花卉，她将诗、书、画结合起来，深得董其昌赞赏。韩希孟所绣《宋元名迹图册》作于崇祯七年（1634年），为传世顾绣中彪炳之作，以白绫为底，全册八幅：《洗马》《百鹿》《补衮》《鹑鸟》《仿米山水》《葡萄松鼠》《扁豆蜻蜓》《花溪渔隐》，囊括了鞍马、人物、山水、畜兽、花卉、翎毛不同题材及水墨、设色、工笔、写意等风格。每幅均有董其昌题赞，册后有顾寿潜题识。顾绣针法，主要继承了宋代已成的绣法，加以变化而运用之，用线仍多用平线，有时亦用捻线，丝细如发，针脚平整均匀，色线种类丰富非宋绣所能比拟，绣绘并用，形象逼真。其取材随意，不拘成法，真草、暹罗斗鸡尾毛、薄金、头发都均可入绣，可知顾绣极其巧妙精微的技术。明代刺绣以洒线绣最具特色，洒线绣是纳线的前身，属北方绣种，即用双股捻线计数，按照方孔纱的纱孔绣制，图案以几何纹为主。1958年北京定陵出土的明孝靖皇后洒线绣蹙金

---

① （明）张应文：《清秘藏》卷上：论宋绣刻丝。

龙百子戏女夹衣，用三股线、绒线、捻线、包梗线、孔雀羽线、花夹线这六种线，结合十二种针法绣制而成，可谓明代刺绣的精品。其图案以云龙百子为主题，用海水江牙、山石、树木、花卉作为衬托。前后衣襟均绣有金线盘绣的双龙戏珠，龙纹外绣有百花山石树木，又有百个生动活泼、惟妙惟肖的童子穿插其间，有的童子扮作博戏官员出行、耍大头和尚，还有的童子在鞭陀螺、玩鸟、摔跤、观鱼、跳绳、跳舞、放鞭炮、捉迷藏、讲故事等。故宫博物院藏有明代"洒线绣白花攒龙披肩袍料"，在方目空纱底上绣以座龙为主的复色花纹，为"满地绣"，色彩上以金色线为主，配以红、蓝、绿、紫等十余种辅色，富丽炫目。

至清代，刺绣进入全盛期，且多为宫廷御用的刺绣品，大部分由宫中造办处如意馆的画人绘制花样，经批核后再发送江南织造管辖的三个织绣作坊绣制，绣品极其工整精美。另外，地方性绣派有苏、蜀、粤、湘"四大名绣"，还有京绣、鲁绣形成争奇斗艳的态势。深受人们喜爱、享誉盛名的刺绣名家相继而出，例如丁佩、沈寿等。清朝刺绣名手丁佩有感于自古以来刺绣技艺不被重视，遂撰写了《绣谱》一书，分择地、选样、取材、辨色、工程、论品等六章，提出"能、巧、妙、神"的美学原则，总结出"齐、光、直、匀、薄、顺、密"等技法。丁佩在《自序》中说："闺阁之间，藉以陶淑性情者，莫善于此。以其能使好动者静，好言者默，因之戒憍懒，息纷纭，壹志凝神，潜心玩理。"[①] 并将刺绣理解为一种书写，即"以针为笔，以缣素为纸，以丝绒为朱墨铅黄，取材极约而所用甚广，绣即闺阁之翰墨也。"[②] 沈寿则独创的旋针、散错针，显光弄色，参用写实，将西洋画肖像仿真的特点表现于刺绣之中。[③] 清末民初，张謇记录整理沈寿刺绣工艺实践经验写成《雪宦绣谱》，书分"绣备""绣引""针法""绣要""绣品""绣德""绣节""绣通"八章，"针法"章中详细介绍苏绣齐针、抢针、单套针、双套针、扎针、铺针、刻鳞针、肉人针、羼针、接针、绕针、刺针、扎针、施针、旋针、散整针、打子针等18种针法特点，"绣要"章提出审势、配色、求光、妙用、缜性等

---

① （清）丁佩：《绣谱》：自序。《绣谱》是中国历史上第一本刺绣专著。
② 同上书，取材第三。
③ 梁惠娥，吴敬，徐亚平．刍议南通沈绣的工艺特点与风格 [J]. 丝绸 ,2006(6) .

法则原理，是对沈寿毕生从事刺绣技艺的技术总结。在书中，沈寿还提到她绣皇后像和耶稣像的心得："色有定也，色之用无定。针法有定也，针法之用无定。有定，故常；无定，故不可有常。微有常弗精，微无常弗妙。以有常求无常在勤，以无常求有常在悟。昔之绣花卉无阴阳，绣山水亦无阴阳，常有一枝之花而数异其色，一段之山，一本之树，而歧出其色者，籍堆垛为灿烂焉耳，固不可以绣有笔法之画，与天然之景物。余憾焉，故不敢不循画理，不敢不师真形，虽谓自余始，不敢辞也。言乎色，若余绣耶稣像，稿本油画，绣意大利皇后像，稿本铅画，皆本于摄影。影因光异，光因色异，执一色以貌之而不肖，潜心默会，乃合二三色穿于一针，肖焉。旋悟虽七色可合而和也，分析之虽百数十色亦可合而和也，故曰：色之用无定也。"①《雪宦绣谱》实为刺绣艺术不可多得的教材，更为艺术理论研究者提供了宝贵的资料。

"刺绣作为一种典型的女性艺术，是中国传统文化的重要组成部分，是我国古代重要的发明创造之一，曾极大地带动了中国社会的文明和进步，同时也对世界文明和进步做出过不可磨灭的贡献。"②从文化角度看，原是刺绣品上的图案纹饰与图腾崇拜有着密切的关系。因此，有学者认为在衣服上刺绣某种花纹，可能是原始部落文身靓面习俗的一种延伸。这一点，我们可以从许多少数民族服饰刺绣图案的各种原始形象中得以证实。劳动妇女以自己对生活的理解，由着自己的审美志趣在织物上绣制出各种纹样，即加固了织物，又装饰美化了生活。同时，刺绣亦是一种表达工具和手段，表达人们的心声，传达爱意、述说衷情。

2. 少数民族刺绣

刺绣是一种历史悠久，表现力十分丰富的服饰装饰手段，在少数民族服饰中应用广泛。刺绣通常要参照花样，在织物上运针刺缀，以绣迹构成纹样。少数民族刺绣是观赏与实用并举的手工艺形式，绣品不仅图案精美，具有极高的装饰价值，其反复的绣缀工艺还能够增加衣物的耐劳度。少数民族刺绣承载着厚重的传统文化与民族精神，是中国农耕文化的产物。男耕女织

---

① (清)张謇:《雪宦绣谱》第四章：绣要·妙用。
② 胡胜. 中国刺绣：永远鲜活的女性艺术 [J]. 齐鲁艺苑,2004(3).

的社会分工，使得少数民族妇女必须精通"女红"，从小就要学习纺纱织布，裁衣刺绣。

刺绣工艺广泛流行于少数民族当中，主要以苗族、彝族、瑶族、白族、纳西族、哈尼族、拉祜族、布朗族、蒙古族、土族、回族等民族最为普遍，多用于妇女服饰的装饰。由于各民族的居住环境、生活习俗、经济生活和文化发展各有差别，各民族刺绣的品种、纹样、针法、色彩也会呈现出不同的特点。

（1）苗族刺绣。苗绣历史悠久，苗族刺绣的起源虽无定论，但是苗族的先民"三苗"人"织绩木皮，染以草实，好五色衣服"①的事实在文献中确有记载，而如今贵州台江施洞苗绣中的雉纹、虎纹以及雷山苗绣中的龙纹与出土的商周青铜器上的饕餮纹、夔纹、云雷纹颇为相似。至隋唐，苗族的刺绣手工艺更为繁复，已是"卉服鸟章"②来朝，著名诗人杜甫也写下了"三峡楼台淹日月，五溪衣服共云天"③的诗句。明代的苗绣绣法多样、技术精湛，郭子章在《黔记》记载：黎平等地苗族妇女"服短衫，系双带结于背胸，前刺绣一方，银线饰之。长绳短裙，或长裙数围，而无绔。加布一幅，刺绣垂之，名曰衣尾"④。清代苗绣的技艺更加精巧，相关文献也是记载丰富，同治《毕节县志稿》亦载：苗人"衣裳以花布为之，领袖及裳皆绣五色，或以红绿布为缘"。⑤乾隆段汝霖《楚南苗志》载："苗妇包四寸宽青手帕，左右皆绣花，裙用花布，青红相间，绣团花为饰"。⑥乾隆《湖南通志》载：湘西苗民妇女衣服"绣花卉为饰"。⑦由文献的记载可以印证苗绣的普及情况以及流行地区的广泛。

从苗族民间传说的角度亦可探究刺绣的起源，"远古时候穿树皮，远古的时候穿竹叶；穿了很长的时期，穿了很多个世纪"，这首苗族古歌唱出了

---

① （南朝宋）范晔：《后汉书》卷八十六：南蛮西南夷列传第七十。
② （宋）郭若虚：《图画见闻志》卷五：故事拾遗唐朝、朱梁、王蜀，总二十七事·谢元深。
③ （唐）杜甫：《咏怀古迹五首》，引自（清）彭定求等编《全唐诗》卷230-3，中华书局，1960年。
④ （明）郭子章：《黔记》卷五十九：诸夷。
⑤ （清）同治王正玺等修，周范纂：《毕节县志稿》卷二十。
⑥ （清）乾隆段汝霖：《楚南苗志》卷四。
⑦ （清）乾隆陈宏谋、范咸：《湖南通志》卷四十九。

苗族祖先在远古社会的生活。关于苗族刺绣的也有着传说故事，田鲁在《苗族服饰刺绣中的故土及迁徙图案纹样》一文中这样讲述：

> "传说古代在黔东苗族聚居区，有一位苗族女首领名叫兰娟，她在带领苗族同胞南迁时，为了记住南迁的历程，就用彩线记事的方法在衣服上刺绣符号。离开黄河时，她在自己的左衣袖口绣上一条黄线；渡过长江时，在右衣袖口绣上一条蓝线；过洞庭时，在胸口绣上一个湖状图案。就这样，每跨过一条河，翻过一座山，她都用彩线绣上一个符号。越往南，过的河、翻的山越多，她记的符号也就越多，密密麻麻地从衣领、袖口一直绣到裤脚口。最后，他们在武陵山区定居来，这位苗族女首领按照她衣服上所记的符号，重新用各种彩线，精心地刺绣出各种美丽的图案，缝制成一套十分漂亮的服装，记载着部落的迁徙史，作为女儿的嫁妆。从此，苗家姑娘出嫁时，都要去请兰娟首领教绣嫁衣，并把此衣叫作'兰娟衣'。"[1]

直至今日，苗族姑娘仍喜欢穿在肩背、胸前、袖口和裤脚绣制有绲边绣花的"兰娟衣"，为的是缅怀故土的逝去，纪念前辈的英勇聪慧。"没有摹仿绘画的奢侈品，没有吹捧权势的献媚题材，更无矫揉造作、扭捏作态、哗众取宠的粉饰之意"，[2] 苗绣饱含了制作者的思想内涵和感情色彩，是发自内心深处的质朴思想和感情宣泄。苗族刺绣图案题材丰富多样，形象稚拙古朴、色彩斑斓多姿，并且孕育着浓郁的民族特色和丰富的内涵。苗绣主要有三个特点：一是取材广泛，富有生活情趣。题材包括飞禽、走兽、花鸟虫鱼、植物以及河滩的卵石、猪蹄脚印等。第二个特点是图案表现出远古图腾崇拜意识，讲述了人类起源的苗家古老传说。例如，众所周知的"蝴蝶妈妈"。第三个特点是艺术表现手法简洁传神，不受自然形象束缚，在造型上大胆地采取变形与夸张的手法。例如，蝴蝶的翅膀长在鸟的身上，动物的眼睛长在背上等。

苗绣主要运用于服饰衣边、衣袖、臂肩、胸襟、裙腰以及头巾、背带、

---

[1] 田鲁.苗族服饰刺绣中的故土及迁徙图案纹样 [J]. 装饰,2005(12).
[2] 丁荣泉，龙湘平.苗族刺绣发展源流及其造型艺术特征 [J]. 中南民族大学学报,2003(7).

鞋面等处。在苗绣色彩运用上，不同支系和地区会有所不同。有的地区以蓝绿色调为主，而有的地区则以红色调为主。在总体色调谐调统一的前提下，会运用少量的点缀色、调和色，使得图案既有大块对比，又有巧妙的点缀和调和，体现出淳厚粗犷的民族风格。

在刺绣工艺上，苗绣以夸张、强烈、块面丰满为特点，主要采用的针法有：辫绣、绉绣、叠绣、贴绣、挑花等。根据不同纹样需要合理使用，通常整套服饰要由多种针法来绣制，体现出苗族妇女的才能与智慧。在绣制效果上，苗绣的"凸绣"颇具特色，凸绣就是在底布上铺上预先按照设计好的形状剪出的剪纸再施线绣制，这样绣出的花纹因包裹了剪纸的厚度而具有明显突出的浮雕效果。凸绣流行于黔东、湖南城步等苗族地区。

2) 彝族刺绣

刺绣在彝语当中叫作"花花古"，主要用于服装、背带、围腰等服饰中，视觉效果十分鲜丽，表达出彝族人民的思想感情和对美好生活的向往。彝族妇女善绣，在民间有着"不长树的山不算山，不会绣花的女子不算彝家女"的古训。彝族刺绣注重实用性与装饰性相结合，常依所装饰部位的功能来设计图案。例如，装饰在头部、肩部的花纹较为密实，针法重叠以耐磨；腰带仅刺绣顶端两头，不会因为系扎而影响图案的完整性。彝族妇女服饰刺绣装饰的部位在头巾、衣领、衣襟、衣袖、衣摆等处。通常，衣襟与衣袖的刺绣针法、图案与领口相呼应。彝族人尊崇"万物皆有灵"的信仰，在服饰上用刺绣谱写着他们独特的"尚火"的历史。彝族刺绣图案想象丰富，造型奇特，主要有日、月、星纹、火焰纹，以及花鸟虫鱼、羊、虎、蝶、树等。造型的手法主要有拟形和抽象两种。拟形图案能够清晰地描绘出对象的形象特征，用概括、简练、夸张、变形等方法来表现。抽象图案则以点、线、面等几何因素将自然形象进行抽象、概括和变形，成为规则的几何纹样，给人以强烈的视觉美感。

彝族人除了敬火外，还崇拜马樱花，这种自然崇拜是将自然物神灵化了，因此服饰当中刺绣的马樱花似乎成为彝族人身份的标志和象征。而对马樱花崇拜的由来却说法各异，也产生了许多美丽动人的口头神话传说。口头神话是无文字民族或无文字历史时期原始初民，以口头语言传承的各种民间传说。这些神话产生于不同的时期，与彝族原始信仰相关联，并反映和表达了彝族的宗教观念和形式。彝族人相信自己与马樱花有血缘关系，以马樱花为图腾具有"祛魔辟邪"的特殊含义。相传：

> 洪水滔天后，世上就剩下两兄妹躲在葫芦里逃生。两兄妹以烧香、滚磨、滚簸箕验证后，结为夫妻，十二月后的二月初八，妹妹生下一个肉团，哥哥很生气，用刀劈开肉团，甩到树林里，碎肉粘在各种树枝上变成了人类，彝族就是粘在马樱花树上的碎肉变成的。[①]

大姚县华山彝族传说：

> 马樱花最早生长在御花园中，花开得最大最艳，故被群花公认为花王。牡丹为争当花王，在皇帝面前说了许多马樱花的坏话，后来皇家选花王时马樱花落选了。于是，马樱花逃出御花园，来到了昙华山。

> 管理御花园的官员发现园中少了马樱花，忙报告皇帝。皇帝派兵到处寻找，找到昙华山。彝家人不愿马樱花被抢走，请山神保护马樱花。

> 官兵找不到马樱花的下落，不肯罢休，围住昙华山搜查。彝家人很着急，用了些泥巴抹在马樱花的树杆、树枝上，改变其面貌，树皮又厚又粗糙，就像涂上了一层泥巴。官兵找不到马樱花，便回宫去了。官兵一走，春天来临，马樱花遍山盛开，红艳似火。[②]

郝云华在《彝族刺绣图案探析——马樱花图案》一文中写道：

> 传说彝族曾有一位非常令人崇拜的祖先阿普笃慕，在一场洪灾之后，被天女救走，后与天上的仙女成婚生下许多子女，成为各族的始祖，但因思念人间的子孙，他死后回到人间，靠在树上变成了马樱花，所以彝人的后代为此而崇拜马樱。另一种传说：一个山村有一个美丽善良的彝族姑娘名叫咪依噜，被土司头人看

---

① 杨甫旺.彝族生殖文化论[M].昆明：云南民族出版社,2003.
② 杨甫旺.口头神话与民间信仰——云南彝族马樱花神话个案研究[J].柳州师专学报,2002(12).

中，抢去做妾，她为了抗拒头人维护自己的忠贞爱情，在新婚之夜与头人一起喝下用马樱花泡的毒酒而死去，为彝族百姓除去了恶魔，在她死后埋葬的山岗上盛开出鲜艳的马樱花。为了纪念咪依噜，妇女们在服装上绣上心爱的马樱花。①

从不同版本的马樱花神话传说中可以看出：马樱花（咪依噜）在彝族人民心中是一种"希望"，火红的马樱花成为刺绣图案的永恒题材，彝族服饰中经常出现马樱花的装饰图案，各个地区的马樱花形状略有不同，彝族妇女依图案所装饰的部位来调整马樱花的造型。

彝族刺绣的色彩主要以青色、黑色为底，又以黑色居多。在底色上大量地与用红、黄、橙、绿、白、紫等色作为配色，其中以红色为主。善用对比强烈的配色，如黑与白、红与绿、蓝与橙、黄与紫等，有时会用中性色调间杂，使服饰色彩更加绚丽多姿。彝族刺绣运用的针法主要有平绣、钉线绣、辫绣等。平绣一般用于拟形图案中的红花绿草，钉线绣、辫绣常用于点、线为主的几何图案，例如披风的领圈及下摆处，绣有连续形的圆圈或吉祥图案。

3）瑶族刺绣。瑶族妇女除了擅长制作"瑶斑布"和就地取材地制作"枫脂染"外，还喜爱制作刺绣服饰。唐代魏征《隋书》载："长沙郡杂有夷蜒，名曰'莫瑶'……其女子蓝布衫，斑布裙，通无鞋履。"②明清时期，瑶族刺绣已很盛行，瑶族妇女用白色或蓝黑色的蓝靛布为底布，用红、黄、绿、白、黑五色彩线，绣上色彩缤纷富有民族特色的图案。瑶族不仅爱绣，而且其民族文化、宗教信仰、图腾，决定了刺绣的文化情趣，表现在刺绣图案上就是常用与其图腾崇拜有关的龙犬纹样。而在瑶族刺绣中，最为精美别致的就是挑花技艺。挑花为刺绣手工艺的一种绣法，又称"挑织""挑绣""十字绣花""十字挑花"等。瑶族挑花无须事先描绘图案纹样，凭借着制作者的聪明才智和想象力，按照本民族的风俗习惯、审美观念和实用需要，在布的经纬交织处采取十字绣法挑出均匀工整、色彩和谐、寓意纯朴、形象逼真的图案。瑶族妇女不仅能正面挑，而且还善于在布的反面挑花，即用各种彩

---

① 郝云华．彝族刺绣图案探析——马樱花图案 [J]．楚雄师范学院学报,2002(10)．
② (唐) 魏征:《隋书》卷三十一：志第二十六：地理志下。"莫瑶"，即免征徭役的意思。

色丝线在布的背面起针，挑绣出各种图案纹样。瑶族挑花方法主要有"十字挑""长十字针""平直长短针""斜挑长短针""平挑长短针"，即以"十"字形和"一"字形为基本单位，由众多最小单位组成匀称美观的图纹，其形状和线条的转折全凭数纱来掌控。由于挑花图案受到针脚的限制，常需要按照布的经纬交织点来施针，因此图案造型具有概括化、抽象化、几何化的特点。挑花的不同排列针法，可以产生不同的装饰效果。例如，在密集的十字针脚中适当空针，可以突显出实地的空花图案；用近似网绣的方法施针，可得到精致细密的视觉效果，且正反两面都是完整、均匀的图案。

瑶族通常在上衣的胸前、背后、衣袖、裙边、腰带、长裤角上用挑花或平绣等针法绣出各种图案。而各地的瑶族刺绣各有差异，例如，隆回县的花瑶挑花图案题材丰富、造型不拘一格，常用被称为"干杯约"（汉语叫花路岩）的纹样，这是模仿生长在岩石上的一种生物菌体的图案，花瑶姑娘将这种预示吉祥的图案作为其挑花的一种基本纹样。湖南江华地区的瑶族妇女，喜欢用平绣的工艺刺绣荷包、枕顶等物。常见的图案有蝶戏牡丹、太极图、古装人物、各类动物等，色彩一般以黑色为底，上面绣红、黄、蓝、白色图案，鲜而不艳，常用的针法有戗针、斜缠针、垫绣等，与当地汉族的民间刺绣有许多相似之处，这正是各民族文化交流的体现。从结构上看，瑶族挑花图案在四方连续、二方连续、单独纹样和适合纹样中都有运用，其中以适合纹样最为普遍。挑花的题材多取自日常生活中的飞禽走兽、花鸟虫鱼、五谷瓜果、山石树木等。也有反映瑶族人民理想的图案，如"太阳花"象征光明，"谷仓花"象征丰收等。在色彩运用上厚重斑斓，对比鲜明而协调。

（二）贴补拼布

1. 贴补花

贴补花，是将一定面积的材料剪成图案形象附着在衣物上。浮雕感是贴补花的主要特点，由于选用的剪贴材料不同，作品的立体感也有所差异。其方法简单，造型丰满，色彩明快，同时具有很强的观赏性，少数民族服饰装饰中常见此工艺，可与刺绣配合，相映成趣；亦可单独应用，别具风貌。

贴补花，是选用各色布料剪成所需图样，通常再通过锁边针法拼连即成单独的装饰品。贴补花的工艺过程是：先按照纹样将布料剪成各种形状的花片，然后将花片粘贴（或用疏针固定）在底布上构成图案，接下来将花片的毛边用针拨窝进去使花片的边角整齐，再将花片四周用锁针锁满，最后洗熨即得。这种手工艺与以绣线线迹为主的刺绣手工艺相比，虽然在制作工序上更复杂，但却更容易呈现出强烈的视觉和肌理效果。

贴补花是颇具民族特色的传统民间手工艺，是在我国古代"堆绫""贴绢"工艺基础上发展起来的一种服饰手工艺。"堆绫"是用绫或其他丝织品剪成各种形状，通过堆、叠，组合成多层次的花卉、人物等图案的手工艺。

有时会在图案下衬有小片织物，使得成品表面呈现高低有序的凸起效果，似布料制作的浅浮雕。"贴绢"是将单层的绢丝织物剪成图案后平贴，有的还加以缝边。我国"堆绫""贴绢"有着悠久的历史，因其制品价格昂贵，所以主要用于历代宫廷贵族的服装装饰中。最早可见的贴补花是长沙马王堆一号汉墓出土的羽毛贴花绢，是用未经染色处理的棕色、黄色、蓝色这三种颜色的翡翠鸟绒羽结合素绢织物而制成的。除此之外，羽毛贴花绢还运用了烟色和棕黄色的素绢[1]以及混色的"千金绦"带，其中烟色素绢做贴花绢的衬底，棕黄色素绢用来镶边和剪刻柿蒂、云形图案。"千金绦"带编织工艺颇为复杂，是在仅0.9厘米宽的带幅内分成错落有致的三行，利用双层组织结构原理编织出雷纹、篆文"千金"以及明暗波折的纹样，它用作贴花绢的外围镶边。

从文献的记载中可以看出，我国早在南北朝时就有贴补花的习俗。据《荆楚岁时记》记载：南北朝时楚地正月七日为人日，即有"剪采为人，或镂金薄为人，以贴屏风，亦戴之头鬓"[2]的风俗。唐代佛教兴盛，僧人常用堆绫制作佛堂装饰品。在敦煌莫高窟中曾发现一片在深蓝色绢上用黄色、绯色和白色绢剪成的八角形花缀饰的唐代绢幡，是为早期的"贴绢"制品。宋以后的"堆绫""贴绢"多与刺绣结合，形成了一种新的装饰手法。贴补花明、清两代在北京更为盛行，不仅是佛事用品，而且流传普及到日用品。1976年唐山大地震，妙应寺（白塔寺）白塔被震裂，修缮时发现，其中一件清乾隆

---

[1] 素绢是一种双丝细绢，均为平纹组织。
[2] （南朝）梁宗懔：《荆楚岁时记》。剪五色绸或金属薄片成人形，是取人进入新年形貌精神一改旧态而成新人之意。

皇帝母亲率宫女亲自制作的裘裳图案就是用的堆绫、贴绢工艺，有梅、兰、竹、菊、莲、桃等十二种花卉纹样，为九宫格的构成形式。民国以前，贴补花技艺一直流传在社会的上流家庭，制作贴补花制品是宫廷、贵族、官宦家庭中的大家闺秀如同琴、棋、书、画一般修身养性、寄托情感的一种形式。

少数民族妇女们发扬了这一手工艺，在她们的服饰中贴补着各式各样的图案。蒙古族擅长将各式各样的布料剪成图案，贴在布底上，用彩色丝线、棉线、驼绒线、牛筋缝缀、锁边形成各种各样的纹样。赫哲族人常常将鱼皮剪成鹿、鸟等图案，并涂上黑色、红色等颜色，再进行创造、刻画，并用花线将其贴绣在衣服上。鄂伦春族皮制五指手套通常有两种装饰法，除去常见的刺绣纹饰外，就是粗犷豪放的对称剪贴补花装饰，纹样主要有蝴蝶，几何形纹样等。云南彝族的背带，多用黑色、白色、红色三种强烈对比的色块补花和齐针绣制而成，给人以纹样整齐，繁而不乱，色泽雅丽、古朴的感觉。大姚县桂花乡彝族女子的虎皮纹即为贴补花，她们用密集的几何纹排列，因远观酷似虎皮的纹路而得名。当地彝族妇女先将待贴的面料裁剪成所需的图案，用大针脚固定在底布上，最后再用多种刺绣针法沿着花片的边缘绣制。贵州侗族的服饰和背带中都有使用贴补花工艺，在背带上的多为彩色，按照剪纸将纹样划分为各个基本单位，依照需要饰以各种形状的白、玫红、蓝、黄、绿色的彩缎作为补花，再在补花缎面上用丝线平绣图案，露出丝缎纹、缎面纹及底布纹，层次、色彩、质感丰富多彩；而妇女服饰上则多用素色，如榕江县乐里侗族妇女的夏装上，白色上衣领口、袖口和襟边等部位，镶补上黑、咖啡色布剪成连续的镂空如意云纹。

贴补花适合于表现面积稍大、形象较为整体、简洁的图案，而且尽量在用料的色彩、质感肌理、装饰纹样上与衣物形成对比，在其边缘还可作打齐或拉毛等处理。另外，贴补花还可在针脚的变换、线的颜色和粗细选择上做文章，以增强其装饰感。

2. 拼布

拼布，英文为 Patchwork[①]，顾名思义是碎布拼接的制品，是指有意将零碎布料缝合拼接为规则或不规则的图案，而组合构成的布块，是一种独特的

---

① 朗文英汉词典对"Patchwork"的解释为："缝缀起来形状各异的杂色布片"。

艺术形式，一种普遍的服饰装饰现象。利用多种不同色彩（如花色布料和素色布料）、不同图案、不同肌理的材料拼接成有规律或无规律的图案做成服装，或是用同种材料裁开再拼接，也可以形成一种独特的装饰效果。这种拼接可以是平接，也可以在接缝处有意做凹、凸的处理。

　　我国的拼布服饰历史悠久，在这里暂且不论拼布手工艺的来源，而单就古代服饰当中的拼布做简要的回顾。早在东汉时期，佛教传入我国，僧人的法衣——"三衣"，就是拼布手工艺制作的服装。山东青州龙必寺出土的距今1500年的北齐彩绘石雕佛立像，身穿的即为拼布形式的佛衣，印证了这种拼布手工艺在佛教服饰中的应用。高琪在《服装中的拼布形式研究》一文中，描述了"三衣"的式样：

　　　　"三衣"分别是：僧伽梨、郁多罗僧、安陀会这三种由不同数量布片缝制的衣服。其中僧伽梨是佛家最正规制服，又称为大衣、重衣，是用九条至二十五条布片缝制而成。"三衣"虽然布片数与规格不同，但缝制时都是先将布料剪裁成正方形或长方形布片后再缝合，纵向的缝合称为竖条，横向的缝合称为横堤，然后两者纵横交错再缝制而成。①

　　除了正式僧衣"三衣"外，还有一种僧衣名为"粪扫衣"，也是拼布手工艺制作的服装。不过，其布料是捡拾被丢弃在粪土等垃圾之中的旧衣、碎布缝制而成。慧琳在《一切经音义》中载："粪扫衣者，多闻知足上行比丘常服衣也。此比丘高行制贪，不受施利，舍弃轻妙上好衣服，常拾取人间所弃粪扫中破帛，于河涧中浣濯令净，补纳成衣，名粪扫衣，今亦通名纳衣。"②

　　在民间，拼布手工艺的历史也十分悠久，且应用广泛。一种名为"水田衣"的拼布服装曾经在历史上盛行一时。"水田衣"一说为袈裟的别名，因用多块长方形布片连缀而成，宛如水稻田，且有广种福田之意。另外一说的"水田衣"为明代流行的一种以各色零碎锦料拼合缝制而成，形似僧人所穿袈裟的服装。因织料色彩互相交错形如水田而得名，又名"百衲衣"。起初，水田衣的制作讲究布料布局的匀称，事先将各种锦缎料裁成长方形，然后再

---

① 高琪. 服装中的拼布形式研究 [D]. 北京服装学院,2008.
② (唐)慧琳:《一切经音义·大宝积经》卷二。

有规律地编排缝制成衣。后来便不再拘泥于规律的排列，布料的裁制也是大小不一，参差不齐，形状也各不相同。至明末时期，由于奢靡颓废之风盛行，许多富贵人家为制作水田衣常不惜裁破一匹完整的锦缎，只为获得别致的小块衣料。以至于李渔将水田衣的制作与盛行解释为："不料人情厌常喜怪，不惟不攻其弊，且群然则而效之，毁成片为零星小块，全帛何罪，使受寸磔之刑？缝碎裂者为百衲僧衣，女子何辜，忽现出家之相？风俗好尚之迁移，常有关气数。此制不仿于今，而仿于崇祯末年。"①

至今在山西、陕西等地仍有穿用拼布百家衣的习俗。中国民间艺术大辞典对百家衣的解释为："汉族民俗工艺品，在汉族一些地区，民间流行着新生婴儿要穿'百家衣'的习俗。这种为了祝福婴儿祛病免灾、长命百岁的百家衣，是在婴儿诞生后不久，由产妇的亲友，到乡邻四舍逐户索要的五颜六色小块布条(若得到老年人做寿衣的边角布料最好)，拿回来后拼制而成的。向百家索布块，可能渊源于氏族文化遗风，认为婴儿在众家百姓，特别是长寿老人的赠予下，可以健康成长。"② 因此，百家衣不仅祈求得到百家的祝福之外，还倾注着对子女的一份浓浓母爱之情。

少数民族在服饰当中也颇为喜爱运用拼布手工艺。例如，云南傈僳族妇女喜穿拼布服饰，黑布底上衣领子处镶拼花边为饰，左右肩部相拼红色、绿色条布，襟边处则相拼上蓝色、白色、红色、绿色条布，袖管处也镶拼上绿色、黑色、红色的横条布作为装饰，在围腰处用七色彩条布拼花，装饰效果强烈而独特。阿昌族的服装在前襟和下摆处也会采用拼布形式，当前襟或底摆弄脏或被磨损的时候，可以换掉旧的布块重新拼出新的布块来更换。广西金秀地区的壮族妇女，也十分擅长利用拼布手工艺来装饰背小孩的背扇，她们将相似与相异色系的棉布剪裁成三角形，然后拼缝到一起，构成具有肌理感觉与趣味性的图案。

朝鲜族妇女擅长拼布手工艺，在女童和妇女服饰的领部、袖子、前襟等处常常能看到拼布的应用。除此之外，还有许多少数民族妇女都会运用拼布来制作服饰，如拉祜族、彝族、土族、藏族、苗族、白族等。

---

① (清)李渔：《闲情偶记》治服第三：衣衫。
② 刘波. 中国民间艺术大辞典 [M]. 文化艺术出版社 ,2006.

由于拼接所用原材料的性能和制作方法的不同，会形成不同的肌理效果，使得装饰增加趣味性和艺术感染力。在民间，拼布或许是勤俭精神和审美追求的产物；在艺术家手里，它是塑造艺术形象、传达创作理念的手段；而在现实生活中，拼布又以各种面貌出现在人们的衣装上、生活用品上。在2010年ICCEC（International Costume Culture and Education Conference）国际服饰文化及教育研讨会期间，北京服装学院民族服饰博物馆展出了朝鲜族拼布艺术家金媛善用巧思、巧工、巧艺构筑的绚丽的个人拼布艺术作品。拼布手工艺不仅实用，而且也成为别具一格的装饰艺术，同时也在现代时装设计中大放异彩。在现代时装设计中，利用多种材料进行拼接装饰，是常见流行的形式，且日益广泛而多样。有些服饰材料的特性决定了其制作工艺必须采用拼布形式，如以动物皮毛为原料制作的裘皮服装，除了缝制本身需要拼合以外，在裘皮的设计中，常常先将材料进行拼接设计后再进行裁制。其拼接的材料可以是相同材质的裘皮原料，也可以是相异材质的裘皮原料，拼制后的效果具有特殊的视觉效果，丰富了材料的外观变化。

（三）编结、缀物

1. 编结

编结盘绕是以绳带为材料，编结成花结钉缝在衣物上或将绳带直接在衣物上盘绕出花形进行缝制，是少数民族服饰手工艺中的组成部分之一。这种装饰形象略微凸起，具有类似浮雕的效果。"从先民用绳结盘曲成'S'形饰于腰间始，历经了周的'绶带'，东晋的'单翼简易蝴蝶结'，唐代的'蝴蝶结'，宋的'玉环绶'，直至明清旗袍上的'盘扣'等无不显示了'结'在中国传统服饰中被应用的历时之久、包罗之广。"[1]

中国人很久以前便学会了打结，结被广泛地运用在人们的衣饰绶带上，即所谓的绶带结。除此之外，编结还常用作服装的扣子。因为结编成团，宛若一颗颗晶莹剔透的葡萄，又恰似一粒粒璀璨夺目的钻石，所以亦被称为"葡萄扣""钻石结"；而环扣结，颇似纽扣结，因中空成环状而得名。结在中国人的生活中占有举足轻重的地位。有文献记载为证：《诗经》载有"亲结其

---

[1] 张英彩. 中国编结艺术工艺与应用研究 [D]. 苏州大学, 2009.

缡，九十其仪"①的诗句，描述了女儿出嫁时，父母一面与其扎结，一面叮嘱女儿应遵守礼节时的情景。繁钦的《定情诗》云："何以结思情，佩玉缀罗缨；何以结心中，素缕连双针。"②在这里，诗人将编结与人的种种情愫反复地做了比拟。从诗文来看，古人以结饰示爱不会晚于东汉末。而在东晋著名画家顾恺之所绘《女史箴》图卷中仕女的腰带上，就有单翼的简易蝴蝶结作为实用的装饰物。南北朝萧衍的"绣带合欢结，锦衣连理文"③、"腰间双绮带，梦为同心结"④等诗句皆借用编结制品以体现两颗心紧密相系、永结同心之意。

编结作为一种装饰艺术始于唐宋时代，已"不是纯个人审美情感的恣意物化，而是一种被文化身份所共同认可的文化符号系统。"⑤唐代诗人温庭筠在《菩萨蛮》中云："凤凰相对盘金缕，牡丹一夜经微雨"⑥，描写了两只金色凤凰在华美精致的衣服上相对盘绕而舞。在唐代永泰公主墓的壁画中，有一位仕女腰带上的结，即是现在通称的蝴蝶结。宋代词人张先的《千秋岁》："莫把幺弦拨，怨极弦能说。天不老，情难绝，心似双丝网，中有千千结。"⑦更是动人心魄，将人世间表不完、言不尽、道不清的复杂情感，皆系于"千千结"之中，借物隐喻，象征人生情感的历程和隐秘。

明清时期，人们为结命名，使其更富内涵，结饰所用的图形都是意义的索引。例如，如意结代表吉祥如意，盘长结寓意回环延绵长命百岁，方胜结表示着方胜平安，同心结象征比翼双飞永结同心，双鱼结表达了吉庆有余等。至清代，绳结已俨然被视为一门艺术，不仅样式丰富、花样精巧，而且编结作为装饰的用途也颇为广泛，应用层面很广。清代著名文学家曹雪芹在《红楼梦》第三十五回"白玉钏亲尝莲叶羹，黄金莺巧结梅花络"中，有一段专门对打结的用途、饰物、配色的叙述，提及"一炷香、朝天凳、像眼块、

①《诗经·豳风·东山》："之子于归，皇驳其马，亲结其缡，九十其仪。"婚礼上的扎结仪式，使"结缡"成为古时成婚的代称。
②（东汉）繁钦：《定情诗》。"罗缨"是古代女子出嫁时系于腰间的彩色丝带，以示人已有所属。"素缕连双针"织就的即是表同心之意的同心结。
③（南北朝）萧衍：《子夜四时歌·秋歌一》，转引自《乐府诗集》卷四十四：清商曲辞一。
④（南北朝）萧衍：《有所思》，转引自《乐府诗集》卷一十七：鼓吹曲辞二。
⑤刘忠红.对"盘长结"形态的文化审美阐释[J].美术大观,2008(5).
⑥（唐）温庭筠：《菩萨蛮》，转引自（清）彭定求等编释《全唐诗》卷891-19，中华书局1960年。其意为衣上盘绣着成双的金色凤凰。
⑦（宋）张先：《千秋岁》。其意为天因无情天不老，人缘有情情难绝。我的心似双丝结成的网，其中有无数的结。

方胜、连环、梅花、柳叶"等花样名称，并做了详尽的描写。

少数民族地区有用线绳缀饰流苏和编结盘扣的传统。西南地区壮族、黎族妇女的头巾和瑶族、土家族妇女的围腰也常缀以流苏。盘扣，又称"盘钮"，是传统满族服装使用的一种纽扣，扣子是用称为"袢条"的折叠缝纫的布料细条回旋盘绕而成的。布料细薄的盘扣可以内衬棉纱线，而做装饰花扣的袢条一般会内衬金属丝，以便造型固定。满族除了在旗袍上编盘各式各样的纽扣外，在冬季的瓜皮帽顶，缀饰有一个丝绒结成的疙瘩，有黑有红，俗称"算盘结"。另外，在创制满洲文字前，满族还采取结绳记族系的方法，将家族生男、生女、各代辈分用"索绳"标志出来。"索绳"由萨满结制，生男在结处拴一小弓箭或古代方孔钱币，或一块蓝色或黑色布条；生女则拴一个"嘎拉哈"[①]，可见满族人与"结"的渊源。而蒙古族服饰的扣袢工艺，也有着悠久的历史和鲜明的民族特色，它既是服饰中必不可少的附件，又是装饰品，是实用和美观相统一的编结制品。扣袢由扣坨和纽襻组成，带扣坨的纽襻儿称公纽襻儿，带套索的纽襻叫作母纽襻儿。早期，蒙古人的服饰并无扣、袢，只是用系带来固定上衣的大襟。后来逐渐有了用皮条、骨节制作的简易扣袢。到蒙元时期，蒙古族服饰已经有了以金、银、玛瑙、珍珠等制作的扣坨和织金锦、棉布、绸缎等为原料制作的纽襻。

编结盘绕工艺难度较大，要做得平整、流畅需一定的技巧。在现代的服装设计中，设计师通常还应针对款式及人体结构的需要设计编结盘绕的图形。

2. 缀物

缀物有两种，一种是将不同的实物巧妙地通过刺绣联结起来的一种服饰手工艺，通常是将颗粒状物缀钉在织物上，通常缀的有宝石、珍珠、珊瑚珠、琉璃珠之类。不同质地、不同形象统一起来，相互产生的反差与映衬，使得刺绣作品的视觉外观更加丰富、广阔。

少数民族服饰当中的缀物通常是将珠、片、贝、羽、钱币等物缀绣到一起，一方面丰富了服饰的质感变化，加强对比，也起到了画龙点睛的作用；

---

① 牛、猪、羊、鹿等动物后腿连接大腿和小腿之间的轴心骨称之为嘎拉哈，是满族人的一种游戏，最早是用来占卜的，也曾作为货币流通过，还有人将玉制的嘎拉哈挂在幼儿的脖子上以显示富贵。

另一方面，为满足少数民族人们心理需要，受到图腾崇拜、驱凶避邪等方面的影响，而将野猪牙齿、兽骨等磨制品连绣于服饰之上。

少数民族服饰中缀物的工艺应用颇为广泛。例如，苗族妇女的锡绣很有特色，又称为"剑河锡绣"，因分布位于清水江中游剑河县内而得名。锡绣围裙是用1.5毫米有孔的方形锡片，连缀绣在深蓝色面料上的，银灰色的锡片在深蓝色底布的映衬下，古朴而明亮，其纹样为几何形，如"万字纹"或"寿字纹"等。哈尼族妇女的黑色上衣上常绣饰有银泡，整个上衣被多枚银泡和银饰件所覆盖。高山族最为突出的珠绣，即缀珠，将白色的小贝珠或琉璃珠用麻线串起，按图形固定在衣服上，也有的将小珠一颗颗分头钉在衣服上形成图案。缀珠方法有二：其一是串缀法，即先将一串珠子穿于线上，按图案需要排在织物上后，再隔一颗钉一针，如同钉线绣的制作工艺；其二为颗缀法，即穿缀一颗，就钉一颗。前者方法宜于包边，后者适合于做花蕊。还有泰雅人的缀铃长衣，珠串下端缀有铃形大珠，在红底色映衬下显得色彩格外华丽。以白色小珠串为主，间以红珠，串好后缀于面料上，古朴大方。在20世纪50年代，高山人还流行以塑料彩色管缀于服饰上，后来被硬质珠所取代。黎族妇女的头巾、上衣和筒裙上常常镶嵌上金银箔、云母片、羽毛，有的缀以贝壳、珠串、铜钱、铜铃或流苏等，产生出了有声有色的特殊效果。类似的缀物工艺，在少数民族服饰当中数不胜数。

在少数民族服饰当中，还有一种呈缀挂形式的缀物工艺。缀挂式即装饰形象的一部分固定在服饰上，另一部分呈悬离状态，如常见的缨穗、流苏、花结、珠串、银缀饰、金属环、木珠、装饰袋、挂饰等。这类装饰动感、空间感很强，它随着穿着者的动态变化而呈现出飘逸、摆荡、灵动的魅力。例如，侗族的胸牌，是妇女节日及婚嫁时佩戴的胸饰品。长约55厘米，呈帘状，由银链连接各种单独纹样的饰物构成。饰物上的图案多为花纹，末层饰物为蝴蝶纹，造型夸张，装饰性较强。德昂族成年妇女腰间必戴的特色佩饰——腰箍，多用藤篾编成，也有的前半部是藤篾，后半部分是螺旋形的银丝。腰箍的宽窄不一，多漆成红色、绿色、黑色，有的还会在上面刻绘各种动植物花纹图案或在外面包上银皮、铝皮。类似的饰品在景颇族、佤族、珞巴族、瑶族、彝族等民族也十分常见，是青年男女美好爱情的信物，颇具节奏感和动感。

除此之外，少数民族妇女还会借用立体花的手工艺来装扮自己。立体花是指装饰形象以立体的形式出现于服饰上，如常见的各式立体花、羽毛、蝴蝶结等。这种装饰以其体量、层次、质感在服饰上取得醒目、突出、厚重、有分量的感觉。与这种装饰属同类的，还有在服饰面料上做各种起伏效果，如折叠、局部抽紧、局部隆起等。例如，满族妇女喜欢在头上装饰绢花，即在黑色缎子制成的"不"字形旗头中央，缀饰绫罗绸缎和绢纱等材料制成的大绢花，以显示华贵庄重。而白马藏族服饰的最大特色是无论男女都头戴羊毛制作的，被当地人称之为"沙嘎"的白色荷叶边毡帽，且要在毡帽上插着一根到三根白鸡毛，帽上并缠绕有红、蓝、黄、紫等色线，垂飘在帽檐之外，成为白马藏族的标志。通常男子帽上插一根短而粗的鸡毛，以示其刚强、心直、人品好；姑娘则插上一到三根弯弯的、柔柔的鸡毛，以代表温柔、美丽。除此之外，还有许多少数民族，如彝族、侗族等，都喜欢用各式各样的花朵来装饰自己。

其实，在少数民族服饰中往往会使用多种手工艺技法，例如刺绣与贴补的结合、拼布与刺绣的结合、缀物与刺绣的结合等，这些可以看作是多种立体式的服饰手工艺技法的组合，而蜡染与刺绣的结合、织锦和银泡的结合可以看作是平面式与立体式手工艺的结合。少数民族妇女的这种工艺混搭制作方式，是与少数民族妇女通常先在小块面料上做好装饰后，再组合到一起构成整件的服饰装饰的习惯相关。这里不仅要有局部的细节构思，还要考虑到组合拼合后的整体效果，而从这些服饰当中可以看到少数民族妇女的聪颖智慧与设计之道。

第四节　少数民族服饰手工艺的审美文化内涵

一、历史记忆与民间信仰

(一)服饰手工艺的象征意义及功能

人类学家早已证明，身体和服饰的确是受其内在文化的配置。施奈德（Jane Schneider）回顾了布料在强化社会关系中的角色，评价其在社会认同和价值中的作用。她尝试将布料的生产与权力的调集关联起来，以布料生产这一社会行为作为阶级、朝代、城市、宗教机构、种族与性别的"联谊"。[①] 少数民族服饰手工艺的创作者是社会环境中的人，而被创造的服饰就是社会环境中的事物，人们在创作民族服饰时，倾注了自己的情感，表达了审美的情趣和意识。从某种意义上讲，所有的民族服饰都构成于社会环境之中，也都具有文化的内容。人类学学者们试图通过"物"的象征性、符号与"物"的文化分类，揭示"物"的"能指"意义、文化秩序与认识分类，对少数民族服饰及其手工艺作分类与象征研究邓启耀在《民族服饰：一种文化符号——中国西南少数民族服饰文化研究》中，从少数民族服饰的文化功能出发，将少数民族服饰看作是民族的文化符号，探讨了西南民族服饰以及其与生存环境、史迹象征、人生礼俗、社会规范、民族文化心理等方面的问题。在他看来，民族服饰"在一切皆可通灵传讯、一切都可成为文化象征的乡土社会或口承文化圈里，犹如一种穿在身上的史书、一种无声的语言，无时不在透露着人类悠远的文化关系，传散着古老的文化信息，发挥着多重的文化功能。"[②]

根据马歇尔·萨林斯（Marshall Sahlins, 1930— ）的观点，服饰的语义有不同的层次：一套服饰以及它的穿戴场合在较高层次上陈述着社会的文化秩序；在微观层面上，一套服饰的构成决定了其话语的不同意义。他把布料、线条和色彩这些承载社会意义的基本元素称为服饰的"基本组成单位"（elementary constituent units, 简称 ECU）。布料的意义是从"能指"的二元对立中产生的，如暗—亮、糙—滑、刚—绵、暖—凉等，只要每一种属性都承载一定的社会意义，布料就会发挥"文化坐标"的功能，与一定的年龄、性别、时间、场合、阶级等文化秩序的各种维度相关联。结构线（structural line）的三个特点：方向、形式与节奏。方向指水平线、垂直线和斜线（又分左斜线和右斜线），形式指直线和曲线，节奏指曲线或角度的频率。而色彩更是服饰符号生产过程中含义的基本构成要素，它主要利用色调、饱和度和

① Jane Schneider, *The Anthropology of Cloth,* Annual Review of Anthropology, 1987，(16), P. 409.
② 邓启耀 . 民族服饰：一种文化符号——中国西南少数民族服饰文化研究 [M]. 昆明：云南人民出版社 ,1991.

亮度的差别，以及它们在色彩图案中的组合方式。恰如不同的文字与标点符号的不同组合可以构成不同的语篇一样，服饰的各种构成要素之间不同的搭配方式建构起形形色色的服饰文本。譬如，非主流人群追求与众不同，打扮入时、造型夸张，在生活中喜欢穿颜色鲜艳、图像怪异的服饰。

在这里，色彩和图案的组合差异体现了非主流人群的社会文化状态，表达了他们的审美判断和价值标准：个性代替模仿，情趣代替乏味。萨林斯相信，符号结构（也译作"象征结构"）和认知结构的对应性体现了后者是如何在前者的方案中被激活的。[①]

然而，民族服饰符号系统是十分复杂的，意义在特定的环境和使用者之间显然是复杂的，不同的穿着者从同一服饰中获得的意义和使用方式是多样化的，即符号在与外部环境发生联系的过程中所扮演的角色是很难准确定位的。

由于在研究中，非常重要的有关民族服饰本身的参与几乎已经消失了，这样难免使得服饰成为象征、结构或符号学解释的一个附属品。

(二) 服饰手工艺中的历史记忆与民间信仰

法国符号学家罗兰·巴特（Roland Barthes，1915—1980）在其自述中提到，我和你不同是因为"我的身体和你的身体的不同"[②]。我们可以将其理解为尼采哲学的一个通俗而形象的说法，也就是说身体成为个人的决定性基础，而着衣的身体则是自我乃至民族的一个标志性象征。福柯从尼采那里接收到了身体的概念，他的身体一元论和决定论使福柯认识到，历史在某种意义上是身体的历史，历史将它的痕迹全都铭记在身体之上。若套用福柯的观点，那么少数民族服饰手工艺的历史是生产主义的历史，是权力将身体作为一个驯服的生产工具来进行改造的历史。

在不同地区的各少数民族中，都有一些形象固定、世代相传、程式化地表现民族历史、故土，以及迁徙史的服饰图案，用它们来传承史迹。民族服饰上某种图案的固定化，"往往来自以衣喻裔、与祖认同的认宗寻根意识"[③]

---

① [美] 马歇尔·萨林斯；赵丙祥译. 文化与实践理性 [M]. 上海：上海人民出版社,2002.
② Roland Barthes: Roland Barthes by Roland Barthes. New York: Hill and Wang, 1977, P. 117.
③ 邓启耀. 衣装秘语——中国民族服饰文化象征 [M]. 成都：四川人民出版社，2005.

有关。

世世代代的少数民族妇女浸染在浓郁的本民族文化氛围中，自觉地把传袭来的图案程式与传递出来的文化意味绘制出来，记录着一个个动人的故事，而这些服饰图案则自然而然地成为故事的记忆符号。例如，西江苗族女子盛装飘带裙刺绣图案的主体就是其历史文化的象征，记录了祖先的迁徙路线。苗王唐守成告诉笔者，他们之前并不住在这，而是住在东方，并提到了祖先曾渡过长江、黄河的历史，而这段历史正通过女子的服饰图案得以记录并流传。西江苗族妇女们用针线当笔，布料当纸，著出自己民族族源、迁徙和战争史的天书。绣有传统图案的西江苗族盛装，不只是披在人身上蔽体御寒的外在物质，在社会意义上它更是个人身体的延伸，也是个人情感的表达。除此之外，西江苗人还通过在重要人生礼仪场合，赠送和使用承载着重要历史记忆的服饰图案，表达和重构着苗家的社会历史文化。西江苗王唐守成说："年轻人定情，女孩有自己亲手绣的胸襟，送给男孩子作为礼物。如果喜欢这个女孩，就娶她为妻，如果没娶就要退给人家"。西江苗家女孩就这样借着刺绣的胸襟，含蓄地抒发自己的感情，在这一方绣片上包孕着真切动人的情感。西江苗族姑娘穆春在回答笔者关于究竟是愿意穿表演服饰来代表苗族在全国或全世界面前展示，还是更愿意穿母亲手做的传统盛装这一问题时，她回答道："如果让我穿我母亲自己亲手做的盛装展示给全国全世界的人看，我很乐意，因为我觉得很自豪。我自己有这么一套漂亮的盛装，并且是我的妈妈一针一线几年才绣好的作品展示给世人看，不光是我，西江所有的像我一样的女孩都一样愿意这么做。因为那是母亲对我们的爱和希望，也是祝福。"

然而，少数民族服饰手工艺伴随着场景的变化在时间、空间与人群间发生着转变。尽管在族群互动中，这些文化特征会变化，甚至是新制造的，但仍然是原文化的继承。因此，"如'服饰'这样的物质文化，可以在一些新的人类学与历史田野中得到其意义；这些意义，可以让我们能动的历史与现实政治层面思考'传统''民族'与'文化'的形成过程及其社会意义。"承载少数民族文化的服饰手工艺，在历史和现实中充当了民族外显的一种族群符号，对内认同、对外认异。少数民族服饰手工艺作为民族文化内涵的显要符号和标志，是少数民族中人们认定或表达自己身份的重要方式之一，但其主要社会意义，并非在于它所表现出来的物与物间的相似性，以及相对应的客观人群分类。

二、女性文化与社会性别

(一)服饰手工艺的传承

性别与文化有关，这一事实已经被人类学家所描述并展示了他者文化如何解释性和构成性别的。然而玛格丽特·米德（Margaret Mead，1901—1978）的《三种原始社会里的性和气质》中关于性和性别的含义遭到了质疑，即在生物学范畴的性别与文化特性上的性别之间是否存在必然的联系。作为文化的一个方面，服饰具有显著的性别区分功能，将自然的实物引入文化的范畴，并展示了文化留下的烙印。"每个已知的社会都会区分出男女两性间的某些差异，而且尽管在某些团体中男性穿着裙子而女性则穿着长裤，但在世界各地的男女都有其主要的工作、礼仪和责任"。[①] "男女服饰的色调、线条或型式体现了对性别的文化估价方式。"[②] 在特定文化中，民族服饰及其手工艺具有联结于男性化和女性化的意义。

文化的传承是指人们在创造物质财富和精神财富的活动中，将已获得的知识、信息、技能等文化信息传递给新的社会成员。若单纯从少数民族服饰手工艺的传承来讲，恐怕没有人敢埋没少数民族妇女在传承中的功劳。"男耕女织"的劳动分工模式以及古老文化传统的综合作用，从古至今的妇女往往是民族传统服饰手工艺文化的中坚力量。通过少数民族妇女的口传心授，诸如蜡染、扎染、刺绣、织锦等少数民族传统服饰手工艺及其制品得以承袭。

在《妇女小群体与服饰文化传承——以贵州西江苗族为例》一文中，张晓揭示了西江苗族妇女以小群体为活动单位的生活方式和妇女小群体对文化的创造和传承功能，描述了苗族的服饰文化在妇女小群体中创造和传承的

---

① Michellez. Rosaldo, *Women, Culture and Society*: *A Theoretical Overview*, Louise Lamphere&Michelle Zimbalist Rosaldo（eds.）: Woman, Culture, and Society, Stanford: Stanford University Press, 1974, P. 18.
② [美] 马歇尔·萨林斯；赵丙祥译. 文化与实践理性 [M]. 上海人民出版社，2002.

过程，以及妇女和文化之间的互动关系，为研究者提供了一个了解贵州苗族服饰文化的新视角和新层面。[①]她在谈到西江苗族妇女服饰被众所周知时说："西江苗族妇女也以一种人多势众的群体力量在影响着苗族刺绣的走向。西江妇女手巧是出了名的。西江苗寨内部可以分为八个自然村，村村都有刺绣手。但是其中刺绣技术最集中和影响最大的是东引村。即使就是现在很多人外出打工，很多人不穿或少穿苗族自己的服装，她们也仍然有很好的手艺和很好的产品，在赶集的时候拿到集市上去卖，以满足那些不再会绣或者没有时间绣花的人们的需要。"[②]因为刺绣工艺及文化的兴起，西江苗族妇女们创造民族文化的功绩逐渐为社会所识。

西江苗王唐守成说："盛装即便不停地做，也得需要几个月时间。制作时，拿不定主意，妇女们会在一起互相讨论花样。她们没有绘画的基础，就得问大家，互相讨论。妇女们的盛装都有不同，但又有相同的，别人用得好的，自己也会拿来用。以前的苗服都是女同志用手工绣出来，整个盛装需要一到两年才能做完，小孩妈妈做不完还会请姥姥帮忙。姑娘结婚的盛装主要由母亲来主做，弄好花纹后，女儿帮忙。"就这样，在一边玩乐，一边工作中，苗族妇女们完成了服饰的创造。"姑娘们从姐姐或嫂嫂那里学得技术，传授给她们的同伴们。母亲们彼此切磋技艺，又各自教她们的女儿们。孙女们往往从小就在奶奶那里接受文艺的熏陶，而每位奶奶的知识宝库都汇集着她们那一代人的集体智慧"。[③]

正是在这样一种传承模式下，西江苗族妇女们自少年时代就开始训练，习得了自己民族共有的技法、图案构成、用色技巧等充满了鲜明群体风格和神韵的要素，呈现着民族共同的审美心理特征，并逐渐使其成为本民族相互认同的纽带以及民族的徽记。

然而，现代西江苗族女子的盛装已不及以往，无论是数量还是质量，因为在客观上，她们所处的时代发生了很大变化，农村城镇化的发展使得她们

① 张晓. 妇女小群体与服饰文化传承——以贵州西江苗族为例 [M]. 贵州大学学报（艺术版），2000（4）.
② 张晓. 关于西江苗寨文化传承保护和旅游开发的思考——兼论文化保护与旅游开发的关系 [J]. 贵州民族研究，2007（3）.
③ 张晓. 妇女小群体与服饰文化传承——以贵州西江苗族为例 [M]. 贵州大学学报（艺术版），2000（4）.

的交际方式和消费行为也随之发生改变，对服饰的要求亦是如此。24岁的西江苗族姑娘穆春告诉笔者，她自己只有一套盛装，也是嫁妆。而更为严峻的事实是，年轻人会做传统盛装的已不多见，其服饰文化流失现象严重。唐守成说："现在苗寨里商户妇女都穿苗服便装，男人和小孩已经基本都穿汉装了。苗寨里年轻女孩穿汉装的多，但在家里面做旅游接待的工作时多穿苗装。苗寨服饰现在比较简单，大家还是为了方便。现在女孩子学做传统手工服饰的不多，手工服饰需要一定的社会背景，得有时间，而且是一种单调的时间。女孩要读书，初三毕业后要出去打工。以前走不出去，只能在家里，打猪菜喂猪，农忙空闲在家时就绣花，比如给自己的朋友绣胸襟。"

用发展的眼光看待少数民族服饰手工艺艺术，它的某些变迁是符合历史潮流的，是不可抗拒的。由于历史的演化、种族的差异和社群传统的不同，少数民族服饰手工艺的传承、变迁、整合是一个复杂的文化过程，涉及物质、精神、社会等诸多层面，其外显和内隐的文化功能结成为一个整体，勾连着过去与未来。因此，在发展和弘扬少数民族传统服饰手工艺艺术时，既要注重吸取各民族的优秀文化，借鉴国外先进民俗文化成果，同时又要在与这些异质文化的交流中不断实现创新发展，促进其良性循环和可持续发展。作为设计师，对少数民族服饰手工艺的研究则要将其放在眼前这个新的时代背景和社会环境中，从多维的角度对其发展的趋势和未来走向进行研究。整合少数民族服饰手工艺文化资源的最终结果是，走出一条属于当地文化的原创性设计路线，创造出兼具融合与创新、实用与美观、传统与现代的设计作品。

(二)时尚善变的男人：男性客位化的动态性

在我国少数民族地区，若从服饰上来判断少数民族民众时尚与否的话，那么被严重汉化的男人是时尚的，因为他们的服饰与代表着先进与现代的汉族人的穿着是一致的，多为汉装或西装。他们在经历了两种不同文化差异而引起的文化震撼（Culture Shock）后，与汉人们一道享受着人类物质文明发展带来的各种成果，因为这样穿可以使他们消除因服饰差异而同外界产生的隔阂。而与现代社会接轨较少的女人则是不时尚的、因循守旧的，因为在她们身上更多地保留并呈现出苗族服饰的传统与习俗，尽管随着时代的进步，她们的服饰也在发生变化。当男人们在社会文化变迁中逐渐失去了他们身上特有的文化属性时，他们在族群认同中的身份便也随之走向客位，他们的族群身份也因文化特性的消失而被掩盖了。

路易莎在《中国的社会性别与内部东方主义》这篇文章中，通过对中国少数民族妇女形象的观察，谛视出中国民间文化与政治权力的关系。路易莎研究的西江苗族社会性别关系的现状是当代中国族群认同实践中的一个案例。在她的调查中，"苗族精英男性不仅把由他们的女人所体现的民族文化提供给汉人消费，而且还热衷于把一些仪式客体化，在其中他们自己也合谋表演了他们的'传统'"①。路易莎认为，苗族男人参与了这种商品化和客体化的过程，甚至扮演了文化掮客的角色，并完成了"自我客体化"。沈梅梅在《族群认同：男性客位化与女性主位化——关于当代中国族群认同的社会性别思考》一文中指出："'时髦'的男人与'守旧'的女人作为当代中国族群认同实践中普遍存在的现象和经验，反映出当代族群认同中存在的性别差异以及男性客位化与女性主位化的倾向。这一现象是男女两性权力不对等的体现。"②

西江千户苗寨的"精神领袖"唐守成在接受采访时向笔者介绍道，如今的苗寨妇女日常生活中还穿苗服便装，这主要还是出于她们自己的生活习惯，并不是因为旅游而被强制执行的。笔者在路边和一位当地穿苗服的早点摊主闲谈中也得到了类似的信息，即她们是自己想穿什么就穿什么，没有硬性规定。按照唐守成的想法，他认为，景区的环卫人员都要穿便装苗服。唐守成说："现在苗寨里面搞旅游主要是政府来抓，如果是我来搞，我就让当地苗民们都穿苗服，并且返一些钱给他们。这样的话，老百姓自己本来就穿苗服，如果再受到一些鼓励而被强化些，那么外面的人来了，就会一眼能够看出是苗族村寨。如果农户们一年里都穿苗服，就奖励三四千元给他们，不穿的就不返。"在"苗王"唐守成看来，穿苗服是好事，而并不是用什么政策来压你。他认为，政府在这一方面想得还比较欠缺。上述一番话既体现了唐

---

① [美]路易莎·沙因；马元曦编，康宏锦译. 中国的社会性别与内部东方主义[A]. 社会性别与发展译文集[C]. 北京：生活·读书·新知三联书店,2000.
② 沈梅梅. 族群认同：男性客位化与女性主位化——关于当代中国族群认同的社会性别思考[J]. 民族研究，2004(5).

守成对苗族的传统服饰有着更多的主动思考，同时也折射出他身为该民族男性精英的族群意识。

的确，路易莎等人的研究看到并发现了少数民族男性在族群认同中身份的客位化倾向，然而这种客位化并不是绝对的、时时的。

如果说在与外界交流的初期，西江的男人们换上"汉装"是为了与主流步调保持一致，使他们在族群认同中的身份中走向客位化的话，那么当交往到一定程度时，他们突然发现自己被外人格外注视的正是其民族服饰所体现出来的与他人不同的特色时，他们会在特定的场合又重新披挂起本民族的服饰，供外人消费，所以说他们是"善变"的。

这时的少数民族男性在族群认同中的身份客体化也随之发生了变化，因为服饰作为族群认同的文化符号并不是被牢牢地固定到女人身上的。与女性不同的是，男性的民族服饰只有在一些特殊的场合下才会出现，比如在接待客人、舞台表演、重大仪式和节日等场合下。而女性的民族服饰则随处可见，即便是非重大仪式、节日等隆重的场合，女性也会穿用苗服便装。

笔者在 2011 年 4 月深入西江苗寨调查时住在苗王唐守成的家里。他的家坐落在山顶上，可以鸟瞰山下的建筑、道路，他说老祖宗喜欢坐北朝南这样的地理位置。他的家也是一个家庭旅馆，和西江苗寨里的其他旅馆一样，可以提供给来自国内外游人租住。在他的家中，笔者与之进行了深入访谈。起初我们是 26 位来访者坐在一起吃长桌宴，苗王在席间才坐到"美人靠"上与我们攀谈，因为笔者一行人等是服装设计专业的师生，也许是出于对我们的尊重，也许是因为他觉得服装专业的人会对服饰格外重视，总之他换上了立领、对襟、黑色的褂子来与大家交流。这件黑色褂子的再次出现是在他送笔者离开的那天，而平日在家里他穿的汉装（西服）。笔者就他的穿衣选择也访问了他，问他为什么在特定的场合下会特意换上了立领、对襟的黑褂，是因为单纯地觉得它好看还是其他什么原因，他的回答简明而有力——"民族的象征"。而在他看来是民族象征的服饰，其实不过是我们现代社会里的中式便装而已，也有人称其为"唐装"，并没有什么苗族尤其是西江苗族的民族特点。

（三）因循执着的女人：由被动变主动的女性主位化

在对中国少数民族的社会性别研究中，女人最能体现自己的民族文化，在维系民族身份方面，女性起着比男性更重要的作用等这样的观点似乎已经得到了众多研究者的认可。在我国少数民族地区，一方面母语保留的载体主要是妇女，因男人与外界交往多，说汉语方便交流，这样讲母语的场合就相对减少。另一方面，妇女也承担着主要的保留本民族服饰着装的任务。承载民族传统服饰文化的女性，在历史和现实中充当了民族外显的一种对内认同、对外认异的符号。"这就意味着，女性自我族群认同与自己的主位身份往往是一致的，至少二者的分离倾向并不明显。这些都显示出女性在族群认同中保持着主位身份的特点。"①

路易莎在她对西江苗族的研究中发现，"文化大革命"后中国少数民族的他者形象大多由女性来代表，将女性表现为落后乡村田园与青春盎然的融合体，并加以非汉族文化色彩的做法，成为体现民族特点的一部分。在《少数的法则》中她写道：

> 如今苗族通常会因为长得漂亮而受到赞美，她们的着装也不再会被认为是鄙俗而不得体。正如我们会看到的，如今身着民族服装的苗族妇女已成为流行的民族他者的标记。她们是可供消费的、不具威胁的，甚至是令人着迷的。在毛泽东的领导下，她们满面微笑地穿着各自特有的服装，作为差异中体现统一的再现，行进在社会主义的道路上，开始她们值得倾注的旅程。当消费民族色彩的快乐与市场规律相遇时，特别是有了20世纪80年代经济开放政策的导向，各种各样的人都积极行动起来，把苗族和其他少数民族妇女的服饰和手工艺品做成商品推向国内消费者，也推向国际的旅游者。商品化已经使她们的手工艺品以及讨论民族服饰的出版物的数量急剧增长。苗族妇女不仅以她们五光十色的服饰，而且还以她们丰富多彩的风俗闻名于世。②

---

① 沈梅梅.族群认同：男性客位化与女性主位化——关于当代中国族群认同的社会性别思考[J].民族研究，2004(5).
② Louisa Schein, Minority Rules: The Miao and the Feminine in China's Cultural Politics, Durham&London: Duke University Press, 2000, P. 61.

路易莎认为少数民族是被女性化了的（feminization），成为与西方现代性相对的象征中国传统的标志，是一个可以区分族群的符号。

> 在汉族的内部东方主义者的实践活动中，把西江苗族社区有选择地人为地构造成少数民族他者的模范，在此过程中，不相宜的西江的"现代性"形象被抹去，它虚构的典型特征经过再生产表现在精华了的形象当中——身着多彩服饰面带微笑的年轻妇女，准确地说是代表落后的"差异"的年轻妇女。[1]

的确，在现当代的中国，身着民族传统服饰的少数民族妇女，是各种艺术、文学主题的座上宾，并借各种传播媒体得以广泛传播。在国家重要会议场合，身着民族传统服饰的少数民族妇女代表，更是众人与媒体瞩目的焦点。而在一些重大活动的开幕式或是颁奖典礼上，更是可见身着少数民族服饰的年轻汉族女性来扮演司仪、领位等角色。而这种种现象即便是起到了将少数民族女性推到了台前，但其映应出的实质仍旧难逃与强势文化、男性立场和商业目的的异化相关联。在这样的大背景下，少数民族妇女成为被看的对象，表面上是载歌载舞的一派喜庆场景，而实则是对她们真实状况多样性的忽视，她们的个性、思想都被整齐划一地表述为美丽淳朴、回归自然的刻板印象。她们身上的民族服饰也一样，不是披在人身上蔽体御寒的外在物质，也不存在在社会意义上是个人身体的延伸，它所造成的视觉影像最终促使大众形成了对于特定地域少数民族的某种刻板意向。

然而，在这个过程中，起初她们并不是出于个人主观意愿的，被推到台面上来的少数民族女性是羞涩的、被动的，是循序渐进地走向"习以为常"、走向"懒怠"，甚至开始学会反抗。她们不再是主动地承载起民族文化传承的重任，以使她们成为主位身份的。当她们逐渐知道自己有"一技傍身"的本领时，如果没有经济方面的给予的话，她们中的多数人就不愿再被动地听人摆布，也不再积极配合。以至于还没上学的穿着苗族服饰的小姑娘，在不知是祖母还是外祖母，抑或是太祖母之类的老年女性的怂恿下，向对着她拍照的游人伸手要钱。类似这种情况在经历或正经历旅游开发的少数民族地区

---

[1] 同 Louisa Schein, Minority Rules: The Miao and the Feminine in China's Cultural Politics, Durham&London: Duke University Press, 2000, P. 61.

是十分常见的，笔者不仅在西江遇到过，在丽江、大理，在去香格里拉的高速公路边上，这些穿着民族服装的"移动"着的民族标记，已经将她们的民族服饰形象作为自己谋生的重要手段之一。

第三章　现代民族服饰的变迁与融合

历史的车轮滚滚，如今已迈入 21 世纪的第二个十年，走过尘封的历史，现代的民族服饰是如何变迁与融合的？留存的状况如何，存在哪些问题，今后的出路何在？本章会结合具体案例进行分析。

第一节　现代民族服饰在民族地区的留存方式

现代民族服饰在非民族地区主要作为一种服饰商品而存在，而在民族地区的留存状况主要有以下七种方式：婚嫁、节庆、相亲等重要场合穿着的盛装；祭祀场合穿着的盛装；装殓用"老衣服"盛装；母女间传承的盛装和便装；成为表演服饰的盛装与便装；成为旅游商品（买卖或租赁）的盛装和便装；日常穿着的便装七种形式。

一、作为婚嫁，节庆、相亲等场合穿着的民族服饰

在婚嫁、节庆、相亲等重要场合，民族地区的人们都会穿上本民族最美的盛装：在婚礼上，无论是新郎新娘，还是参加婚礼的亲戚宾客，都会将自己最隆重的衣服展示出来。新娘的盛装可能出自自己的手工，这样就向未来的婆家展示了自己的女红工艺，也可能是出自母亲和姐妹的手工，展现了浓浓的亲情。在节庆和相亲的场合，民族盛装也是必不可少的，并且越是年轻的、未婚的人所穿的服饰越漂亮，在这时民族服饰是作为一种吸引异性的道具出现的。

二、日常穿着的民族服饰

在很多民族地区，人们将民族服饰作为日常穿着还很普遍。并且穿着中的服饰还承担着区分着装者身份的作用："服饰除了在婚恋及婚姻仪礼的几个基本程序中发挥其礼仪性、象征性功能外，在大多数民族那里，服装的穿戴是按一定社会的传统规矩和装饰者本人的身份来进行装饰的，都在其社会成员的心里留存了一组又一组不可更改的'装饰符号'，故而，已婚和未婚作为两个不同的社会角色，在服饰上都有着严格的规范和区示。"[①]

---

① 管彦波 . 中国西南民族社会生活史 [M]. 哈尔滨：黑龙江人民出版社，2005.

如在笔者采访的贵州省黔东南榕江县的归洪村，我们采访的几户人家的中青年妇女，基本上都有好几套盛装和十几套便装，就连女孩都如此，属于民族传统服饰较多的范例。数量如此多但不是做工简单，即便每件便装都在领部、前襟和袖口处有手工刺绣的繁复而精美的花纹。而这样的衣服只是作为日常穿着的服饰出现的，体现了这里妇女的勤劳。

三、祭祀场合穿着的民族服饰

很多民族都有本民族的祭祀仪式，在这个仪式上人们要穿上最隆重的衣服——盛装。如苗族的"牯藏节"[1]（亦称"吃牯藏""吃牯脏""刺牛"），是以宰杀祭牛来祭祀祖先的一种活动，在此节日人们要穿上自己最美的盛装，以示敬重。又如彝族的"虎节"（亦称"跳虎节"），是祭奠图腾虎的节日，彝族人民也在这一天穿上盛装进行祭祀活动。

四、成为表演服饰的民族服饰

随着民族地区旅游业的发展，民族服饰——无论是盛装还是便装都作为表演服饰成为民族地区必不可少的一道风景。但必须指出的是虽然这也是民族服饰的一种留存方式，但这种民族服饰已经不再是纯粹的民族服饰而被加上了大量商业化、时尚化的因素。如笔者在四川、云南、贵州的一些地区看到的表演服饰，就简化了传统民族服饰中手工刺绣的部分，款式也有不同程度的变化，并且有些服装将原来掩盖的部位裸露了出来，或加入了撑架内裙等西方服饰要素。

五、装殓用"老衣服"的民族服饰

一些民族地区的妇女一生中有数套盛装，多是自己一针一线做的。当岁月流逝、年华老去，接近生命的终点时，女人们会挑选一套自己最美的衣

---

[1]《苗族古歌》的创世纪说生命是从枫树中来的，蝴蝶妈妈"妹榜妹留"是从枫树的树心中孕育出来，后与"水泡"游方生下了12个蛋，鹡宇鸟帮助孵出了姜央、雷、龙、虎、水牛、蛇、蜈蚣等各种生命，而姜央就是人类的祖先。因此枫树在苗族文化中具有崇高的地位，以枫木制成的木鼓被认为是祖先的归宿之所，而敲击木鼓能够唤起祖宗的灵魂，因此就有了祭鼓的仪式。

裳装裹自己，应是与本民族文化与宗教信仰相关。还有一些男子的老衣服是新制的，但也是本民族传统的款式，且有一定之规：

> 如彝族，当老人去世后，均要梳洗穿戴整齐，再行火葬。各地区的老服为本地标准服，全套新制从头到脚，无一遗漏。男老人均要缠头巾，而且要缠得标准像样，以保持死者尊容。大、中裤脚区的男老人缠螺髻状英雄结于额中，缠法从左至右，与生者方向相反。①

六、成为旅游商品（买卖或租赁）的民族服饰

在市场化的今天，民族服饰成为商品（尤其是旅游纪念品）是一个普遍的现象。如西江苗寨，这里作为商品的盛装和便装既可购买也可租赁，购买的场所有的是在临街的店铺中，有的是在村民家中。根据质料（自织的具有暗纹的土布和自织的普通粗布）、刺绣（精美、较为精美以及粗糙）与品相（完整、较为完整与有破损）的好坏，衣服的价格差别会很大。笔者在2006年调查时，一件苗族女性盛装上衣其定价在600元至1800元之间；一件便装上衣的定价在60元到300元之间。这些传统服饰售价不菲，利益的驱动使得很多村民将其拿出来卖给开服装工艺品店的店主，店主再加价转卖，卖出的数量很多。

又如水族的马尾绣背带，因其具有特殊的工艺技艺以及繁复优美的图案等要素，也是笔者所调查地区的较为重要的民族服饰商品，在2006年笔者进行田野考察时，品相较好的售价在700元至800元之间（成交价），2011年在2000元至3000元之间（定价），2012年在4000元至5000元之间（定价）。再如云南地区的纳西族服饰，当地集市上所卖为机器车缝、可批量生产的服饰，保留了款式和颜色特征，其文化意蕴与传统手工制作有一定的差别，因其做工简单、几乎没有什么花纹，售价较为低廉，2006年的一套服装的价格为150元左右。

作为商品租赁的一般多为盛装。据笔者所见，出租的盛装大多是现代的机绣品，很少一部分是手绣品，其中一些服饰经过现代的改良设计，与传

---

① 管彦波. 中国西南民族社会生活史 [M]. 哈尔滨：黑龙江人民出版社，2005.

统的款式相去甚远。供租赁的服饰一般做工较为粗糙，配饰多为白铜所制，从外观上看与白银饰品相似，但一般游客并不计较。

第二节　现代民族服饰留存案例分析

我国幅员辽阔、民族众多，这使得对现代民族服饰变迁与融合的研究范围很大，本书探讨的着眼点在于对民族服饰变迁与融合纵向的对比而不是横向的比较，因此对于现代民族服饰的变迁与融合只选取一个点来进行分析，希望可以以点带面，管窥现代社会民族服饰的变迁与融合状况。本书就以贵州省雷山县西江镇作为具体案例来分析。

一、案例分析——贵州省雷山县西江苗寨

西江苗寨位于贵州省雷山县，地处雷公山国家级自然保护区的雷公山麓，海拔833米，西江距雷山县县城36千米，距州府凯里35千米，西江苗寨共有1285户，5120人，其中99.5%为苗族，[①]有"千户苗寨"之称。西江苗寨包括羊排、也东、平寨、南贵4个行政村及10多个自然寨。

西江苗族过去男女穿长裙，包黑色头巾头帕，故称"黑苗"；女子裙子很长，到脚踝左右，也称"长裙苗"。西江苗族女性传统服饰分为便装和盛装两种，便装为日常穿着，样式较为简单，据其款式特征来看，笔者认为受汉族服饰影响较深；盛装是民族传统服饰的精华，为节庆和婚嫁等场合穿着，无论是款式、色彩、图案和配饰都更为讲究。女子的传统盛装尤其华美，上为宽袖大襟衣，下配百褶裙，外围飘带裙，头戴银角，颈部、手部佩戴饰品，上衣缝缀银饰，款式古朴，色彩丰富，图案精美，是苗族女性服饰中较具代表性的类型之一，其服饰制作涉及纺织、靛染、裁缝、刺绣、织锦、制作银饰、镶缝饰物、百褶裙的制作等诸多方面。

---

① 据2005年第五次人口普查数字。

二、西江民族服饰的留存和传承环境

(一) 西江苗族服饰的留存现状

1. 实物的流失和技艺的消亡

据西江苗族博物馆杨天伟 (男，苗族，42 岁) 介绍，西江苗族传统服饰流失状况非常严重，例如一个民族服饰品商人[①]手中就有传统服饰三百余件。而这样的服装品商人在西江不在少数，他们一些是本地人，还有一些是外地人来此做生意，有苗族也有汉族，这是近年旅游化的趋势。在西江，一些家庭会将传统的手绣盛装卖出去，根据衣服的质地、做工、品相，价格高低不等。

今天的苗族传统盛装服饰的变化之一就是制作方式的改变——从手工制作改为机器制作，因此充满变化的精美的手绣、灵动的图案变成刻板的、整齐划一的机绣图案，色彩也没有以前的丰富和温润，颜色更为简单，多以浓烈的大红大绿为主导，失却古秀之美。即便同是手绣的服饰品，同样的图案与花色，今天人们所做的与几十年前所做的差别也很大，日本学者鸟丸知子 (Tomoko Torimaru) 博士在谈到这个问题时曾提出自己的看法：以前民族地区的妇女在做衣服时是将自己对亲人的感情注入其中，比如背孩子的背带中体现了浓浓的母爱，而现在做的是可以卖钱的商品，其中所蕴含的内涵都不存在了，服装的味道也不同了。这种看法有一定的道理。

除了衣服本身，银饰可以说是西江苗族服饰最大的亮点。以前西江家家户户的男子不是会造吊脚楼就是会打银器，姑娘们出嫁时衣服上的银饰一般都是父亲或者兄弟打造的，而现在会这门传统手工艺的人越来越少了，随着年龄的增长，老工艺匠人渐渐都不做了。现在西江的银器一般有两个来源渠道：一是附近有一个叫控拜的银匠村，这个村子大部分的工匠去了外地，留守的只是小部分人。二是在镇上的古街，有许多专门打银饰的银器店。

但现在做出来的银饰在工艺和花型上都发生了很大变化，与传统的银饰相比有的汉化现象较为严重，花纹越来越精细，有的在造型上较为粗糙，

[①] 这里讲到的民族服饰品商人就是我们过去所说的服装贩子，因这种称呼具有一定的贬义，因此笔者使用"民族服饰品商人"这一称谓，下同。

失去了传统银饰特有的古拙之美。此外，在材质上，这些配饰也发生了变化，苗族的服饰被称为"银子衣裳"，银子的首饰和银佩饰是它的一大特点，但现在因为成本和原料等因素，很多改为白铜打造，因此在外观上也与银子打造的饰品具有一定的差异。

2. 民族传统服饰日渐淡出人们的日常生活

在西江采访发现一个现象，除了中老年外（中老年人中也有一部分为了方便穿汉族服装），大部分的青年人和小孩子都穿西式的现代服饰，包括上衣的毛衣、线衣以及下身西式裁剪的裤子。这是因为传统苗族服饰都由手工制作，穿坏了可惜，而成衣化生产的现代服装价廉物美，劳作时损毁了也不觉得可惜。此外，刺绣的衣服多不能洗，其布以植物来染色，因而色牢度较差。

据笔者采访得知，西江地区做一件女子盛装，从种棉、织布、染色到缝制、刺绣所需时间为一年左右，且这一年的时间是不干其他农活、单做衣服所需要的时间。[①] 除了自己和家人穿着外，这些传统样式的服装能被卖出去的毕竟是少数，因其费时费工，做的人也越来越少。

（二）西江苗族服饰的留存和传承形式

作为日常服饰来穿着是西江苗族传统服饰的留存方式之一。经笔者观察，日常穿着传统便装的基本是中老年女子，这种便装在款式上保留着传统的样式，但衣服的质料和图案都有所变化。年轻女孩则穿着现代的西式便装。

老年女子所穿的传统便装为青黑色自染土布，没有什么花纹和图案，非常素雅，头上盘髻，插木梳、银梳为多，也有除梳子外戴一朵假花的。中年女子所穿传统便装多为丝绒等买来的面料，颜色有紫红色等，头上盘髻，插银梳和红色、粉色假花。年轻人除了传统节日外，一般不穿或很少穿传统服饰。

在婚嫁、节庆等重要场合，西江人会穿着盛装。在这些特殊的日子里，人们会拿出自己最美的盛装来穿戴，女子头戴银冠和银角，并将与此搭配的

---

① 所需时间因个体差异有所不同，这里所指的一年是一个平均值。

项饰、胸饰、手饰等银饰戴在身上的各个部位。

西江苗族女子每人至少都有一套盛装，一般都是母亲亲手缝制、刺绣，具有浓厚的亲情意义。每个家庭中，妈妈根据女儿的人数做盛装，每个女儿出嫁时各做一套作为嫁妆。女儿们做了妈妈再给自己的女儿每人做一套。

西江古街上有一个大广场，每天中午 11 点至 11 点 45 分，下午 5 点至 5 点 45 分分别有两场歌舞表演，表演者为西江千户苗寨歌舞表演队演员，只要天气晴好都会有演出。这两场表演不单独收费，游客只要购买了西江的门票进入了寨子就可以免费看表演。在笔者第三次调研时表演的场地又增加了一个更大的场所。

这两场表演的演出服基本上都是传统的苗族盛装，也有少量的便装。其款式并不单纯是西江的款式，从裙子的长度上看，不仅有西江传统的长裙，还有短裙和中裙。其中一个群舞节目中女孩们所穿的裙子是西江附近短裙苗的百褶裙。这种百褶裙长度在膝盖以上 10 厘米左右，与此相配的是小腿上的绑腿。上衣为右衽的大襟衣，衣长比传统的短裙苗上衣大约短 5 厘米到 10 厘米左右，上衣与裙子之间露出腰部的肌肤。短裙苗本来的传统衣服一般不露腰或只露出很小一部分腰，而这种表演服很明显是经过改良的舞台服装，更为大胆与现代。

随着旅游业开发的逐渐深入，西江的民族服饰展演已经不仅仅局限于少数相貌出众、歌舞表演出色的青年男女，因一些影视剧的拍摄以及各种规模的旅游活动的陆续推出，人数众多的中老年普通群众也加入到表演中来，他们接到演出通知就会换上盛装来到广场上，这种场合所穿的服装一般都是专为演出而做的机绣的衣服和铜质的首饰，这样穿坏了、碰坏了也不可惜。笔者曾在 2009 年、2011 年、2012 年三次到西江进行田野调查，虽相隔时间不久，但也能看到作为表演服装的苗族传统服饰的变迁以及其与汉族服饰相融合步伐的加快。此外，民族服饰还作为西江一些旅店招揽顾客的有效手段，穿着盛装的姑娘拿着牛角杯和彩蛋迎接准备住宿和吃饭的游客。

西江的民族服饰除了当地人自己穿着外，还可以作为商品，这其中包括买卖和租赁两种形式。作为商品买卖的有盛装和便装两种服装，买卖场所既可以在临街的店铺，也可以是沿街摆的小摊，还可以在村民自己的家中。这些传统服饰售价不菲，利益的驱动使得很多村民将其拿出来卖给开服装工艺品店的店主，店主再加价转卖。

作为商品租赁的一般多为盛装款式的民族服装，租赁地点一是在寨子广场北侧的租赁摊点，一是在山顶的旅游景点。租赁收费按次来计算，笔者2011年调查的价格一般租一套衣服付10元，照几张照片都可以。付完钱出租者会按照传统着衣方式给顾客穿戴上这些服装。每个租赁的摊点都有三家以上的摊位，因此竞争激烈而服务也就很热情。这种供出租的传统服饰都比较新，绝大部分是现代的机绣品，做工较为粗糙，配饰也都是白铜所制，但一般游客看不出区别，因此并不计较。

第三节　现代民族服饰的传承与创新思路

著名设计师可可·香奈尔（Coco Chanel）曾说过一句被广为传颂的名言："时尚来去匆匆，唯有风格永恒"[1]，这句话的关键在于点出了"流行是暂时的，而风格（style）却能永远流传"这一道理。民族传统服饰具有它独特的内涵与特点，从而形成自己独特的风格。因此，无论时尚如何循环往复地轮回，流行的元素如何此消彼长，而"民族的就是世界的"，具有独特风格特征的民族传统服饰在服装设计舞台上永远占有它的一席之地。

在现代社会，随着生活节奏的加快、对外交流的加强、经济因素的制约等问题，民族服饰正在一点点淡出我们的生活，受外来文化的冲击，民族服饰与汉族服饰[2]的融合逐年加强，也许在不远的将来，许多传统的服饰不仅将淡出我们的生活、更会淡出我们的历史。

今天的民族服饰也是经过历史的变迁、经过时代的人为发展的结果，那么，在今天的时代背景下如何使之"活"下来？衣服的作用首先是实用，回顾民族服饰融合的历史，我们就会发现当衣服不再"适用"之后必然走向死亡，因此，对民族服饰的传承与创新就显得尤为重要。

当代民族服饰的发展离不开传承与创新。在当代，民族服饰要想向前

---

[1] Fashion fades, only style remains the same.
[2] 这里的汉族服饰的定义在导论中已有界定，并不是真正意义上的"汉族"的服饰。

发展，"传承"与"发展"是两个必不可少的关键词。纵观中国历史上六次民族服饰变迁与融合，变化是它不变的主题。

　　"传承"与"发展"是两个相辅相成的概念。"传承"是民族传统服饰文化保留它的风格与基本要素而得以延续下去的根本，而发展是使民族传统服饰不淡出历史舞台的方向。

一、对民族服饰实物的保护与技艺的传承

　　2005 年 3 月 31 日，国务院办公厅颁发了《关于加强我国非物质文化遗产保护工作的意见》。确定"保护为主、抢救第一、合理利用、传承发展"的指导方针，确立了保护的重要地位。此指导方针将保护抢救与传承发展之间的关系阐述得非常明确，因此保护是传承与发展的前提。

　　民族传统服饰的宝贵之处正是在于它是民族社会发展的一面镜子，在它的身上折射出了当时社会生产生活的诸多方面，因此维持民族传统服饰本原的状态就尤为重要，在延长其使用寿命的同时，恢复其原有的时代风貌。

　　对民族传统服饰保护是否得当的标准应如何判定？笔者个人认为有两方面：一是这种保护是否最接近它的原生状态，这是我们能否无限贴近原貌地研究此服饰所被穿用的社会历史时期的重要因素；二是这种保护是否有利于其发展，保护不是终点，发展才能使民族传统服饰永葆活力。这两点中，前者是基础，后者是目的，应该坚决杜绝名为发展实为破坏的行为。

（一）实物保护

　　时至今日民族传统服饰在以一种极快的速度流失，对实物的保存也就迫在眉睫。一些博物馆以及其他研究和科研机构在每年的相关预算中，有一定的资金是专门对传统民族服饰进行收购。但这些还远远不够，民族传统服饰是社会历史文化精神生活的产物，时代不同了，生产生活方式发生改变，甚至制作服装的人的心理和精神面貌都发生了巨大的变化，因此民族传统服饰的制作具有不可复制性，即使材料与做工都相同，所做出的民族传统服饰也是会存在很大的差别。

　　而对民族传统服饰的收购与收藏应在保证服装品质、品相的同时，应尽可能地加大数量。没有充足的实物，对民族传统服饰的任何研究工作和开

发工作都是纸上谈兵。笔者甚至认为，哪怕仅仅是将这些实物作为"标本"留给后代，也是今天的我们和以后的子孙了解几十年、上百年前人们的穿着与生活的绝好教材。

相关案例：对凯里三棵树太阳鼓苗侗服饰博物馆馆长杨建红的采访

笔者2012年6月带学生到贵州凯里田野调查，在当地群众的指引下我们来到三棵树太阳鼓苗侗服饰博物馆。[①] 太阳鼓苗侗服饰博物馆坐落于凯里市三棵树镇，据馆长杨建红（女，朝鲜族，50岁）介绍，博物馆是以服饰制作为主线，苗族侗族服饰类型展示为主、服饰技艺演示为辅的专题博物馆。

杨建红告诉笔者，她毕业于贵州民族大学，毕业后在凯里博物馆工作。本是朝鲜族的她和苗族侗族服饰结缘开始于1993年，一些来博物馆参观的外国人惊叹于中国民族传统服饰，这给了她启发，于是开始收集民族传统服饰。近20年来杨建红收藏了120多套精品的苗族、侗族服饰以及600多件单品，杨建红认为"传承必须通过生产来传承"，她在这个思路的引导下在附近村寨挑选民族传统服饰艺人，并对她们进行培训，还在培训的过程中采集数据、记录技艺。通过努力，她建立了几个稳定的专业村，培养了几百人的绣工力量，她正在筹划出版介绍苗绣技法的图书以推广苗绣。苗绣传承可能出现断层让她有些担忧，由于收入低、工艺复杂，苗族年轻人从事苗绣的积极性不大，目前的主力多是30岁到50岁之间的女性。她希望能够做出一个品牌，发掘苗绣的市场潜力，吸引年轻人。

（二）技艺传承

技艺的传承是民族传统服饰得以流传的必要条件，技艺的传承包括研究层面的传承和实践层面的传承两个方面。

研究层面的传承指的是对技艺进行记录、整理和理论的研究，是将现存的和渐渐走向消亡的技艺以文字、图片的方式记录下来。

实践层面的传承在这里指的是技艺掌握者和学习者之间口手相传的方式将传统技艺传承下来。实践层面应注意两方面内容，第一方面是传承的方

---

① 太阳鼓苗侗服饰博物馆于2012年4月正式挂牌，展览面积1000平方米，共582件展品和180张图片，有关于100套苗族侗族服饰的款式、穿戴习俗和装饰风格的文字介绍。

式，第二方面是对传承人的认定和保护。

从传承的方式上看，现有的传承方式最主要的是家庭成员间传承。[1]第二种传承方式是师徒间传承。师徒传承不同于母女之间的传承，其范围更广、更具有专业性，效用更大。因而也是民族传统服饰未来技艺传承的一种有效方式，但其在系统性和规模性等方面较为薄弱。第三种传承方式是工艺研习所（或民间服饰技艺协会）传承。笔者在云南、贵州、广西的调查了解到，工艺研习所因其资金、场地和实操等方面因素的限制，如今还不是一个主流的传承方式，无论从规模和数量上都远远不够。笔者预计，在国家和各级政府的大力支持和推动下，这将是民族传统服饰传承的一个重要途径。此外，随着时代的发展，女孩子更多的是进入学校接受教育，因此开设相关课程，从小培养孩子对传统工艺的兴趣也非常利于技艺的传承。

相关案例：扬武农民民间蜡染协会

在贵州省丹寨县扬武乡，会长杨芳（女，苗族，45岁）于2004年成立了"扬武农民民间蜡染协会"，2008年6月，在当地政府的支持下，协会正式在工商部门注册了"丹寨排倒莫蜡染专业合作社"，开始了由"非营利性质"的协会到"民办、民管、民受益"的合作社的经营模式，实施"市场＋合作社＋社员"的经营管理模式，并注册了蜡染产品商标"排倒莫"。"排倒莫"的名字来源于地处黔东南丹寨县东南部36千米两个毗邻的村寨排倒和排莫，因其民俗相似在苗语中称为"八道弄"，即排倒莫。这两个村寨的苗族妇女不论老少都会做蜡染，寨子里有很多的蜡染能手。合作社现有固定的成员30余人，合作社成员年龄在20岁至50岁之间，成员来源地是以排倒、排莫和基加三大村为中心，辐射到周边乡镇的少数民族妇女。合作社定期举办苗族蜡染文化学习、技艺交流的活动，鼓励成员坚守本地特色。[2]

对于传承人的认定和保护。笔者在田野调查时发现，随着民族间交流的逐渐加深以及汉族服饰的普及，民族传统服饰技艺逐渐走向消亡。在采访

---

① 在民族传统技艺的传承上，家庭无疑是最普遍的传承方式，在很多民族地区，母亲为女儿做出嫁的盛装以及平时穿的便装，女儿在耳濡目染之下渐渐也学会了这项传统技艺，以后再给自己的女儿做，如此代代相传，传承就是这样进行的。
② 据民间蜡染协会的副会长杨丽（女，苗族，41岁）介绍，在协会的发展过程中发现，仅仅是研究蜡染技法还很不够，如果能使掌握蜡染手艺的本地妇女的作品走出去，这样不仅使人们了解了丹寨蜡染，还使妇女们增加了收入，提高了生活水平。

中很多地区的人们都存在年轻女孩上学或出去打工，没时间学做传统衣服的情况。在这种状况下，好的民间艺人更是逐渐减少，而传承人是民族传统服饰传承的首要条件，因此对传承者的认定与支持尤为重要。

笔者设想，对传承者的认定应在包括对其传承路线（很多是家族内代代相传）、技艺内容、技艺水平、技艺创新等多个层面的认定基础上，在每种服饰技艺的掌握者中遴选出最出色、一般出色、一般等不同层次的人才，通过一定的认定标准将他们作为正式的传承人固定下来，也因此形成优先保护和一般保护的不同保护力度。

对民族传统服饰技艺传承者的支持大体可分为两个方面：一是给予其一定的经济支持，如每年将一定的资金以工资或其他方式下拨；二是为其创造一定的创作空间，如在政策上明文出台保护措施或将其纳入各地方相关部门的正式编制。笔者认为，经济上的支持与政策上的倾斜缺一不可，两者的结合才是对传承人进行保护的根本途径。此外还有对传承人的培训问题，这也牵扯到资金，因此国家和地方政府应加大对传承人的经济支持力度。

二、纳入非物质文化遗产体系并建立法律保护系统

（一）纳入非物质文化遗产体系

根据联合国教科文组织 2003 年 10 月 17 日通过的《保护非物质文化遗产公约》中的定义，"非物质文化遗产"是指被各群体、团体、有时为个人所视为其文化遗产的各种实践、表演、表现形式、知识体系和技能及其有关的工具、实物、工艺品和文化场所。从中我们可以看出，民族传统服饰（实物）和民族服饰技艺（服装及配饰的制作工艺）都可以被纳入"非物质文化遗产"的范畴之中。

（二）制定系统、明确、具有针对性的《中国民族传统服饰保护法》

法律具有强制性的约束效力，它可以对大到政府、社会，小到相关单位、个人都具有规范作用，因此有关法律的制定是保护措施的首要举措。对于相关法律的制定，很多人提出过类似的想法，关键在于要制定系统的《中国民族文物保护法》或更具有针对性的《中国民族传统服饰保护法》。何为

系统？ 就是能够涵盖中国民族传统服饰的类别、种属、地区、特点等要素的法律，构架在一个全面的体系之上。何为明确？ 就是明确要保护的传统服饰的存在年限、技艺特点、保护措施以及违反此法律所要承担的责任，做到"有法可依、有法必依、执法必严、违法必究"，只有被纳入法制轨道才能使保护措施落到实处。

三、对民族服饰及其文化的专题和综合性研究

对民族服饰及其文化的专题和综合性研究，就是通过实地调研、文献分析、材料整理等方法对民族服饰及其文化进行专题性或综合性的研究，最终将研究成果以文字的形式记录下来。

现今对民族服饰研究的成果主要有以下几种类型：①专项调查的著作或论文；②服装史、民族服饰综述类书籍中涉及民族服饰的研究；③以图片为主要内容的研究资料；④民族志、民族文化研究专著或论文集中涉及民族服饰的内容。为使叙述更加清楚，现以研究者和成果较多的苗族服饰为例进行分析。

(一) 关于苗族服饰的专项调查的著作或论文

其中著作类如中国民族博物馆编《中国苗族服饰研究》(包括综合性研究，也包括区域性研究)；杨鹃国所著《苗族服饰：符号与象征》(从苗族服饰的形制、制作、历史、社会文化功能、精神特性等方面对苗族服饰文化进行了系统的梳理)；席克定所著《苗族妇女服装研究》(从苗族妇女服装的类型、服装的款式和类型形成的时间、服装的发展与演变、服装的社会功能等方面进行研究)；杨正文所著《鸟纹羽衣：苗族服饰及制作技艺考察》(从苗族服饰的多样性、节日中的盛装、服饰的工艺、服饰的制作者、银饰匠人、蜡染技术、传统技艺的保护等方面进行分析) 等。

论文类如石林的《贵州从江苗族着装习俗》、陈雪英的《贵州雷山西江苗族服饰文化传承与教育功能》、黄玉冰的《西江苗族刺绣的色彩特征》等，分别从着装习俗、服饰文化传承、旅游产品开发、织染和刺绣工艺等角度对苗族民族服饰进行分析和论述。

（二）服装史、民族服饰综述类书籍中涉及苗族服饰的研究

如戴平所著《中国民族服装文化研究》（对苗侗女性的服装、佩饰和发式、服饰特点、文化内涵的描写散见于各章节）；段梅所著《东方霓裳——解读中国少数民族服装》（从民族分布、历史源流、服装种类等方面对苗侗服饰进行了描写，并按照湘西、黔东、黔中南、川黔滇、海南等地区的苗族服饰进行了分析）；管彦波所著《文化与艺术：中国少数民族首饰文化研究》（从首饰入手对中国少数民族的首饰文化进行解读，其中有涉及苗族服饰的章节）。此外，华梅教授所著《中国服装史》的第九章"20世纪前半叶少数民族服装"也对20世纪前半叶的苗族服饰进行了简单的介绍。

（三）以图片为主要内容的研究资料

1. 国内以图片为主要内容的画册类著作

国内有关苗侗服饰的研究资料中，以图片的形式出现的研究资料也较为丰富，如吴仕忠等编著《中国苗族服饰图志》（以图片为主，将苗族服装分为173个种类，并对每个种类有基本的文字介绍，是比较详细和全面的苗族服饰图片资料）；由常沙娜主编《中国织绣服饰全集·少数民族卷（下）》（分区域将中国民族服饰以彩色图片的形式展示出来，有具体服装、服饰的细部展示，也有穿着状态的展示，其中苗族服饰占有相当的比重）；民族文化宫编著《中国苗族服饰》（为全彩的大型画册，以图片的形式将苗族服饰分为4个大类23个小类，除了单纯的服饰展示外还有部分生活场景的照片）；杨源主编《中国民族服饰文化图典》（从服饰、头饰、面饰、佩饰、文身、齿饰等方面对中国的民族服饰进行梳理，其中涉及苗族服饰的篇幅较大）；黄邦杰编著《中国少数民族衣饰》、韦荣慧主编的《中华民族服饰文化》也以图片的形式对苗族侗族服饰进行了介绍；在台湾地区，由江碧贞、方绍能主编《苗族服饰图志——黔东南》（以图片的方式对苗族服饰进行了系统的梳理）。

2. 国内外联合出版以图片为主的画册类著作

这部分研究成果如20世纪80年代中央民族学院、人民美术出版社和日本的美乃美株式会社携手推出了三个版本的《中国民族服饰》大型画册，计有由中央民族学院和人民美术出版社编辑、美乃美株式会社出版的《Costumes of the Minority People of China》（为全彩画册，选图侧重民族服饰的图案、

局部以及花纹）；由中央民族学院和人民美术出版社编辑、美乃美株式会社出版的《中国民族服饰》（前面部分为彩色图片，后面部分为黑白图片配文字说明，黑白图片包括民族服饰佩饰的局部以及人们穿着这些民族服饰的状态）；人民美术出版社编辑、美乃美株式会社出版的《中国民族服饰》（全彩画册，其中包括衣服、裙子、服饰局部等，以平面展开的展示图片为主）。

3. 民族志、民族文化研究专著或论文集中涉及苗族服饰的内容

这部分研究主要包括一些综述的民族风俗志、地方民族志中关于苗族服饰的描写以及一些关于民族文化研究方面的专著或论文中有关苗族服饰的相关内容。毛公宁主编《中国少数民族风俗志》（其中在介绍苗族的有关章节中分别从款式、头饰、银饰等方面对苗侗服饰做了较为详细的介绍）；张建世、杨正文、杨嘉铭所著《西南少数民族民间工艺文化资源保护研究》（以七篇调查报告的资料和成果为基础，对西南少数民族民间工艺文化资源保护研究这一问题进行了系统的研究和探讨，其中第四、第五、第六和第七从服饰工艺、民族服饰商品化和市场化等角度对西南地区的苗族服饰做了较为深入的分析）；《湘西苗族》编写组编写的《湘西苗族》（第四章"风俗习惯"中关于湘西地区服饰的描写）；龙子建等著《湖北苗族》（其中"文化篇"部分"物质文化"一节分析了湖北苗族服饰与湘西、黔东北地区苗族的异同，并将苗族儿童服饰、妇女银饰、妇女服饰进行了研究）；岐从文著《贵州苗族服饰的源流及其形式美》（研究了贵州苗族服饰的源流、贵州苗族服饰的图案演变、苗族服饰图案的形式美三个方面）。

四、对民族传统服饰及现代民族服饰设计作品的展示

对民族传统服饰及现代民族服饰设计作品的展示，是一种喜闻乐见的形式。通过对民族传统服饰品以及相关的现代民族服饰设计作品的展示，可以使人们更加关注民族服饰及其文化。

相关案例 1：《天朝衣冠——故宫博物院藏清代宫廷服饰精品展》

2008 年 8 月至 11 月，故宫博物院推出《天朝衣冠——故宫博物院藏清代宫廷服饰精品展》，展出故宫博物院馆藏清代宫廷服饰精品数百件，包括康熙、乾隆、光绪等皇帝和后妃们曾经穿过的礼服、吉服、常服、行服及

靴帽等服饰品，吸引了大批国内外游客。同时出版图录典藏版、普及版各 1 种，明信片 10 种。

相关案例 2:《缤纷中国——中国民族民间服饰文化暨中国民间文化遗产抢救工程成果展》

2009 年 11 月 12 日至 21 日，由中国文学艺术界联合会、中国民间文艺家协会主办的《缤纷中国——中国民族民间服饰文化暨中国民间文化遗产抢救工程成果展》在民族文化宫开幕，除了展出中国 56 个民族的传统服饰实物外，主办方还邀请了苗族、蒙古族、壮族、汉族等民族的传统服饰工艺传承人进行现场表演，取得了良好的宣传和普及效果。

相关案例 3:《华妆风姿——中国百年旗袍展》

2012 年 3 月 12 日至 3 月 27 日，中国丝绸博物馆、中国妇女儿童博物馆联合主办的《华妆风姿——中国百年旗袍展》在中国妇女儿童博物馆展出，此展览从旗袍的文化背景、款式变奏、时代特征，以及旗袍的面料品种、制作工艺、图案风格等诸多方面对这个主题进行诠释：展览共分为五个单元："推陈出新——旗袍的起源"；"历久弥新——旗袍的流变"；"中西合璧——旗袍的新语"；"妙手天成——旗袍的工艺"；"风华永恒——旗袍的今天"。

展览展出的既有中国丝绸博物馆收藏的百余件近百年来的旗袍，以及与旗袍相关的老照片、广告画、生活用品，也有 20 世纪下半叶世界各地华人女性的旗袍，既有国内设计师郭培、梁子、祁刚、吴海燕等当代设计师的旗袍设计作品，也有国内一些时装公司和影视设计的现代旗袍。所展出的 120 余件旗袍，其时间跨度从 20 世纪 30 年代的传统改良旗袍到 20 世纪 60 年代、70 年代以来一些名流捐赠的自己所穿的旗袍，到现代的中国设计师以民国时期改良旗袍为元素进行设计的时尚旗袍。民国时期的旗袍婉约秀丽、捐赠的旗袍大气实穿，而现代设计师用不同的设计元素所进行的现代旗袍设计，则将这种特定历史时期民族传统服饰与时尚结合的优秀范例以时尚的设计语言进行了现代的诠释。一些时尚旗袍设计吸引了不少观众的目光，如以色彩和纹样结合，用喜庆的红色、传统的"喜"字和剪纸元素所做的超短旗袍，再如吴海燕、郭培等设计师将传统祥瑞纹样和中国传统文化元素（山水画）运用到服装上，或是进行面料再造，将平面的花朵与立体的花朵结合的长托尾礼服旗袍等。

五、各级博物馆、展览馆等机构对民族传统服饰的收藏

国家级和各省市地县区民族博物馆，对民族传统服饰的收藏与保护具有积极的促进作用。过去，大中型综合博物馆占中国博物馆的绝大部分，近年来，一些专题性的博物馆渐渐走进人们的视野。笔者认为，专题性质的民族服饰博物馆无论在数量上还是规模上都有巨大的提升空间。以下几个案例是专门以民族服饰作为主题或主要展览内容的博物馆，它们当中既有省级的博物馆（如云南民族博物馆），也有大专院校的校属博物馆（如中央民族大学民族博物馆、北京服装学院民族服饰博物馆）；既有民族地区县政府和镇政府投资兴建的博物馆（如雷山苗族银饰刺绣博物馆、西江苗族博物馆），也有民办的博物馆（如贵州民族民俗博物馆）。

相关案例 1：云南民族博物馆

云南民族博物馆位于昆明滇池旅游区内，占地面积 13.3375 万平方米，展区建筑面积约 375 平方米，内有 16 个展室，为国家一级博物馆。展厅一楼有民族服饰与制作工艺厅以及中国民族服饰艺术厅。其中专题展览"云南少数民族服饰"体现了云南各民族丰富多彩的服饰文化和纺织、印染、刺绣等传统手工工艺。专题展览"中国民族服饰艺术"以西南、东南、东北、西北为单元集中展示了全国 55 个少数民族的衣饰风采，使云南民族博物馆成为全国范围内民族服饰收藏较为集中、较为全面的专门机构。

相关案例 2：中央民族大学民族博物馆

中央民族大学民族博物馆为一座综合性民族学博物馆，于 1952 年成立，坐落于北京中央民族大学院内，建筑面积 1200 平方米，展厅面积 500 平方米，馆内收藏有各少数民族的文物、文献典籍、服装、生产工具等共 14 大类 375 余件。关于服装的展厅有两个：一是北方民族服饰文化厅，展出汉、满、蒙古、朝鲜、鄂伦春、鄂温克、赫哲、回、土、裕固、维吾尔、哈萨克、乌孜别克等民族的传统服装、首饰、冠帽、鞋靴、手套等；二是南方民族服饰文化厅展出藏、门巴、珞巴、彝、哈尼、拉祜、纳西、白、傣、傈僳、怒、独龙、佤、德昂、布朗、基诺、苗、布依、侗、水、壮、瑶、土家、黎、畲、高山等民族的传统服装、首饰、鞋、织锦及刺绣工艺品等。

相关案例 3：北京服装学院民族服饰博物馆

北京服装学院民族服饰博物馆于 1999 年成立，坐落于北京服装学院院内，展厅面积 1600 平方米，设有综合服饰厅、苗族服饰厅、金工首饰厅、织锦刺绣蜡染厅、图片厅五个主要展厅。馆内收藏有民族服装、织物、绣品、蜡染和银饰等传统民族文物 1 万余件，综合服饰厅收藏各民族服装 4000 余；苗族服饰厅收藏苗族百余个支系的服饰 1000 余件；金工首饰厅收藏有蒙古、藏、苗、瑶、侗、维吾尔等民族的金工首饰，有巴尔虎蒙古族银冠、汉族银头钗、满族银鎏金耳饰等；织锦、刺绣、蜡染厅收藏八大织锦及蜡染、织品 1000 余件；图片厅收藏彝族、藏族、羌族服饰图片近千幅。博物馆曾举办《银装盛彩——中国民族服饰展》《百年时尚——中国衣饰展》等展览。

相关案例 4：雷山苗族银饰刺绣博物馆

雷山苗族银饰刺绣博物馆于 2010 年 11 月成立，坐落于贵州省雷山县县城，占地面积 3000 多平方米，建筑面积 1000 多平方米。馆内分为五个主厅、一个序厅和一个副厅，分别是：序厅、历史厅、服饰厅、银饰厅和互动演示厅。馆内收藏苗族银饰、刺绣、织锦等文物 3000 余件，主要来源于贵州、云南、广西、湖南、湖北、重庆、四川等地。

相关案例 5：西江苗族博物馆

西江苗族博物馆坐落于贵州省雷山县西江镇古街中段，于 2008 年 9 月 28 日正式开馆，面积 1700 平方米，博物馆由苗族历史文化厅、歌舞艺术厅、服饰与银饰厅、生活习俗厅、生产习俗厅、建筑艺术厅等 11 个厅（室）组成。服饰与银饰厅主要展览苗族女性服饰品，博物馆现藏有西江苗族的三十多套盛装，绝大部分为苗族女性服饰，图案精美、品相完好，是本地服饰的精品。

相关案例 6：贵州民族民俗博物馆

贵州民族民俗博物馆坐落于贵阳白云公园绿漪湖畔，为三层仿古建筑，内有 7 个展厅。一楼展示了苗族、布依族、侗族等少数民族服饰，包括贵州施洞"破线绣"服饰及月亮山型蜡染"牯臟衣"等苗绣服饰品。二楼展出的是贵州黔东南苗族银饰。三楼设置了互动区。有织布机、纺车等服饰制作工具，使游客可以亲自体会民族传统服饰制作工艺。

民族服饰类的博物馆是一个介绍、展示、宣传民族服饰的重要窗口。2012 年 6 月 30 日，我们带领中央民族大学美术学院服装系 2010 级的 4 个下乡调查小组来参观雷山苗族银饰刺绣博物馆，并采访了博物馆的解说员龙秋菊（女，苗族，32岁），以下是根据对她的采访记录整理出来的文字。

关于雷山苗族银饰刺绣博物馆。据龙秋菊介绍这个博物馆是政府斥资修建的，于2010年11月9日正式开馆。博物馆目前只有部分展区开放。这些藏品大多都是从当地老百姓手中收购的。因为古代的绣品是保留不了很长时间的，而且有很多古时绣品也是随葬品，所以不是很容易收集，目前的老绣品以20世纪五六十年代的绣品为多。

关于雷山县的银饰。现在雷山地区的银饰在纹样上受汉族文化影响很深，工艺也越来越精细。原来此地区苗族银饰所用的银大多是从货币中提取的，而现在的银要比原来的银纯度高。当地人对银铸造工艺是非常讲究的，家里有小孩一出生，父母就要积攒相当的银子来为孩子铸打银饰。这里的首饰以银为主，如头饰、颈饰等，银饰的多寡与家庭富裕程度有关，富裕的家庭有能力为女儿打造更多的银饰，这也是一种展示个人财富的象征。

关于雷山县苗族服饰的差异。地域因素不是苗族服饰差异形成的唯一因素，如大塘乡的短裙苗寨离丹江镇很近，只有十几千米，可是服饰差别却很大。

六、建立民族传统服饰遗产数据库

民族传统服饰数据库的建立是一项庞杂的工作，包括文字资料、图片资料和影音资料三方面内容，但其意义重大。

文字资料方面主要涉及对各民族传统服饰的分类描述，包括具体款式（男装、女装、童装）、服装搭配、配饰组合、用色习惯、板型特点。

图片资料主要包括对各民族传统服饰形象（包括整套服饰以及每套服饰的各个组成部分）的记录，包括单纯的实物形象记录以及对这些服饰的穿着状态的记录，如请当地本民族的穿着者按照传统的穿着方式进行穿戴等。

对民族传统服饰进行影像手段的记录是十分必要的，对各民族特有的服饰以及服饰制作技艺进行系统的影像记录是一种利用传承的有效方式。在传统的以文字进行描述的基础上，影像记录这种手段在近年来被越来越多地应用，如纪录片《赫哲族的鱼皮衣》记录了赫哲族为数不多的会制作鱼皮衣的妇女，对鱼皮衣完整的制作过程具有较高的研究价值。

第四章　民族服饰与现代服装设计

服装设计是用服装语言塑造人的整体着装姿态的过程。服装设计构思过程是一个完整的过程，有一个循序渐进的设计程序。民族服饰语言的时尚转换，是服装设计的重要组成部分，其设计过程与其他类型的服装设计一样，都是从寻找设计灵感开始，进而深入设计。在进行民族服饰语言的时尚转换时，应从民族传统服饰语言中寻找灵感。

第一节　民族服饰对现代服装设计的意义

一、民族服饰与服装设计师

民族服饰的丰富多彩长期以来吸引着全世界服装设计师的关注。20世纪80年代初，一些国际著名服装设计师来到中国，促使了国际舞台上出现许多以中国民族文化元素为灵感的服装作品。已故的世界著名服装设计师伊夫圣洛朗说过："中国一直吸引着我，中国文化、艺术、服装、传奇故事都令我向往。"同样，意大利时装设计大师比娇蒂曾说："具有悠久传统的中国历史和民族文化一直令我神往，许多时装也是受到中国文化的启发设计而成的。"她还称赞中国的民族服饰："对于一个时装设计师来说，简直无异于天堂。"

我国的民族服饰同样也深深吸引着本土许许多多的服装设计师。"天意"品牌设计总监梁子，善于将东方元素与国际时尚完美结合，注重从民族服饰中吸取养分，追求"天人合一"的和谐之美。梁子研究传统面料莨绸，对几乎绝迹的莨绸制作古法进行发掘与保护，将这种传统环保面料与现代时尚相结合，被称作最中国的设计师和中国时装界的"环保大师"。我国著名服装设计师吴海燕也说过："我们的服装设计只有传递出中华文化的精粹，才能在世界舞台上散发迷人的魅力。"她的设计作品大量采用中国丝和麻作为面料，善于运用中国元素进行纹样的创意设计。她这些洋溢着浓郁"民族情结"的作品得到国际服装界的认同并成为向世界展示中华文化精粹的窗口。1986年起，吴海燕的作品多次在法国、美国、德国、日本、马来西亚等国家参加宣传中国文化、弘扬民族艺术、以时装表演的形式促进国与国之间文化交流的活动。我国服装设计师郭培，也是中国最早的高级定制服装设计师，她曾为很多出席重要场合的人士制作礼服，春节晚会90%以上的既有中国民族气息又时尚的礼服、表演服均来自她的工作坊，为全国乃至全世界人们展示了具有我国本民族文化特征的现代服饰，连续三届荣获"国际服装服饰博览会"服装金奖。

广西是一个少数民族众多的地区，2009年，中国服装设计师协会时装艺术委员会将工作会议选择在广西南宁举行，会议期间，参会的十佳设计师们深入南宁、阳朔、龙胜等少数民族地区进行了民族服饰文化采风。设计师们采风后感触颇多，其中设计师之一王鸿鹰谈道："我一直从事成衣设计，受国际流行、市场信息的影响大，有关民族的东西运用很少，除了一些刺绣图案，对民族元素涉猎也不深……短短几日的南宁之行，让我突然感觉到自己的偏颇，在我们的传统民族文化中，还有着很深层次的生命力，这种深层的力量更值得我们去关注，挖掘其中的精髓，比如纹样的疏密关系，比如形状的比例、安排等。……在领略到民族文化深层生命力的同时，我也开始思考，为什么过去会对它这么淡漠。……这大概与我们对民族元素的应用太肤浅、太机械化有关。过去谈到中国书法，结果就是把书法作品直接放在衣服上，生硬、呆板的应用抹杀了文化鲜活的生命力……其实，在对待传统文化、民族元素方面，我们更应该看到文化的神韵，在初级的色彩、图案的应用之上，还要挖掘展现出属于中国文化的精神气质。"

如今的国内外服装设计师们都深知民族服饰的价值，我国的设计师们都开始清晰地意识到，中国时装发展的道路就在足下，立足于中国民族服饰这座宝库，努力发掘，从中汲取力量与灵感，才可以使中国的时装设计不流于表面而深入中国服饰文化的精髓，让作品穿越岁月，成为永恒的经典。

二、民族服饰与服装创作灵感

通常情况下，在服装设计师的大脑中，很多创新和最终获得的成就都离不开最初灵感的迸发。灵感可以说是一种暗藏于心底深处的意识形态，在进行创作活动的过程中，会被一些偶然的元素激发，获得一种意象、启发、引起创作的冲动，从而达到一种意识形态上的飞跃，由此而诞生出各种新视觉、新发现、新思路、新概念。比如会突然因为民族服饰上的某种元素或受民族服饰内涵的影响，激起一股热情，找到设计的突破点，这样很容易使创意不请自来。

但也要认识到，灵感并非全是偶然性的，如俄国画家列宾所说："灵感不过是艰辛劳动所获得的奖赏。"因为灵感的出现是一个厚积薄发的过程，是长期积累的结果，我们平时的认识和关注在大脑里早已经展开了分解、整合、重组，成了一种潜意识，为灵感的出现奠定了厚积薄发的基础。

因此，深入了解、研究民族服饰，实际已经在脑海中囤积了许多丰富的资料，这些资料在开展设计活动的时候，会为现代服装设计提供源源不断的设计创作灵感。

三、民族服饰与民族风格服装设计

民族服饰从概念上讲是传统的地道的民族民间服饰，是通过祖辈代代相传，并保留传承了本民族服饰的面料特征、款式造型、色彩图案、穿着方式。民族风格的服饰指带有民族服饰风格特征的现代服饰，它具有现代服饰的特点。民族风格服装设计是通过借鉴和汲取古今中外优秀传统艺术或各民族传统服饰的精华，再结合现代时尚审美而形成的一种设计风格。从形式上看，它往往借用了一些传统艺术或服饰的要素，如传统图案、传统色彩、传统工艺技法或传统的结构造型等，总体给人一种或为怀旧，或为质朴，或为装饰化，或为自然的印象，反映了人们渴望回归自然、返璞归真、生态健康的追求。

民族风格的服装设计需要不断推陈出新，不能简单地移植或模仿，不能将民族风格的服装设计做成民族服饰的改良，要分清二者的关系。目前，民族风格备受设计师们的推崇，它在一定程度上向外界传达出本土的精神文化内涵，影响深远，具有文化传播的意义。

四、民族风格服装设计要点

(一) 传统与时尚的融合

1996 年，雅克德洛金担任主席的国际 21 世纪教育委员会向联合国教科文组织提交了一份《教育——财富蕴藏其中》的报告，其中引用拉封丹预言诗《农夫和他的孩子们》中农夫对儿子们的告诫："千万不要把祖先留给我们的产业卖掉，因为财富蕴藏其中。"这意在告诉我们，教育和文化是祖先留给我们的"产业"，可帮助我们解决生存之难。对于一个地区或国家来讲，永远的财富是文化。对于中国的服装设计界来讲，永远的财富就是中国丰富的民族传统服饰。

时尚舞台上，将本国本民族民间传统与现代时尚融合的方式层出不穷。日本服装设计大师三宅一生非常重视从自己民族文化中汲取营养，他早年曾在欧洲学习过现代服装设计，在设计过程中却喜欢打破西方拘泥于形式的高级时装的表现手法，充分去展现根植于思想深处的日本民族精神。他曾说过一句话："传统并不是现代的对立面，而是现代的源泉。"他的作品看似无形，却疏而不散，反映了日本式的关于自然和人生的哲学，其作品远远超出了时代和时装的界限。多年后我们再看他的作品，也依然很美很时尚。其他在国际上获得同样盛誉的日本设计师们，如川久保玲、山本耀司、森英惠等，他们都有一个共同的特点，都是牢牢地立足传统，用一种时尚、现代的方式来演绎民族思想，以至于在国际时装舞台上占有一片天地，让世界为之喝彩。

世界著名服装品牌迪奥，汇聚了世界一流的设计师，无论哪一件成功的作品，都展现了代表时尚的法国人的审美素养。设计大师约翰·加利亚诺拥有很高的审美素养，他的作品千奇百怪，每一季度的作品会给人一种全新的视觉感受，但其中风格传达了一种独特的文化理念，让人感觉他的作品始终保留巴黎本土文化的气息，其中透露着具有独特欧洲风情风格的巴黎时尚。

近年来，传统与时尚相结合的设计与研究越来越多，国外很多著名设计师曾在我国民族服饰艺术中寻求设计灵感，国内很多服装院校也开设了民族服饰课程，让独有的民族特色的美结合服饰文化内涵，作为一种新的设计资源渗入现代时装设计之中。我国一部分在国内外具有一定影响力的设计师或品牌都是将传统与时尚紧密地结合。如我国著名设计师马可，为体现服装上的传统精神，可以追溯服装的纯手工工序，她的"无用"工作室甚至回归到手工纺织布匹，她设计的服装总是力求在传达我国民族精神和文化的同时准确把握住国际时尚的主流和特征。总之，我们必须明白，时尚界不管如何变换，传统与时尚融合的服装设计才会更加具有深层的感染力和影响力。

(二) 民族符号元素的借鉴

民族服饰符号元素很多，包括民族服饰的色彩元素、民族服饰的图案元素、民族服饰的造型元素、民族服饰的结构元素、民族服饰的材质元素等，在将传统与时尚融合的设计理念下，民族符号元素的借鉴是必须要开展进行的。民族符号元素的借鉴方式方法比较灵活，但仍可以归为以下三方面。

1. 工艺技法的借鉴

民族服饰的装饰工艺多种多样，有缝、绗、绣、抽、钩、剪、贴、缠、拼、扎、包、串、钉、裹、黏合、编等几十种技法。这些装饰工艺都是全手工完成，在各民族服饰上运用非常广泛，有的是在实用的基础上进行装饰，有的纯粹就是为了装饰，体现出一种独特的民族审美情趣。

不管这些装饰工艺技法如何丰富，但不同的民族在掌握同一技法上有粗犷与精细、繁复与简洁之分，在掌握不同技法上也各有所长。有的民族是多种技法综合运用。不同的装饰工艺技法可以表现出不同的装饰效果，就是同样的装饰工艺技法也可以表现出不同的装饰效果。如同样是"平绣"装饰工艺，黔东南施洞苗族人就运用极细的并破成几缕的丝线来表现，四川汶川的羌族人就运用较粗的腈纶线来表现，所以前者风格细腻精致，后者风格粗犷大气。再如同样是用"缠"的装饰技法，在具体运用时，缠的方向、方式、方法的不同会形成不同的装饰效果。还有同样的"缝""绗"，针距的长短、线迹的方向也会呈现不同的装饰效果……我们学习借鉴这些工艺技法，就要在熟练掌握各装饰工艺的技法特点和表现手段的基础上，突破具体的工艺表象，抽离出其本质精神，运用现代、时尚的语言表达出来。例如，借鉴许多少数民族喜爱的"缠"的工艺技法的时候，要知道各民族缠的方式方法各有不同，我们不能机械地去照搬某一民族的技法，而是要从中找出"缠"的规律，提取"缠"这种民族装饰工艺所表现出来的精神实质，这种实质即民族的意境内涵，是真正打动人的东西，也是借鉴的最高境界。

2009 年 11 月，中国设计师梁子在充分理解和吸纳羌族刺绣的基础上，将羌绣工艺技法融入现代时装设计中，成功举办了一场名为"羌绣良缘"的时装发布会。这是民族服饰装饰工艺技法的成功借鉴，梁子为了使羌绣技法更加"原汁原味",她还请来几位四川羌族妇女亲自在她的设计作品上进行手工绣制,将羌绣工艺技法在现代时尚圈内演绎得美轮美奂、淋漓尽致,备受时尚界好评。

综上所述,民族服饰为现代服装设计提供了诸多的设计元素,只要每个有心的设计者创造性地运用传统民族服饰里的设计要素,使服装设计不流于表面而深入民族文化与民族风格的精髓,就能衍生成独特的现代服装设计。

2. 色彩图案的借鉴

民族服饰的色彩图案作为一种设计元素,是一个有着极其丰富资源的宝库,也是被服装设计师们借鉴得最多的因素。总体来说,民族服饰中的色彩大多古朴艳丽,用色大胆醒目,颜色搭配巧妙,图案更是形式多样,异彩纷呈。对民族服饰色彩图案的借鉴主要有两种方法:一种是直接运用,另一种是间接运用。

直接运用是在理解民族服饰图案的基础上的一种借鉴方法,即直接将元素素材的完整形式或局部形式嫁接过来。但这种借鉴方法要注意把握三个方面:首先,要仔细解读该图案色彩在民族服饰上的文化内涵和象征意义,尽量做到传统与现代时尚感的和谐统一。其次,直接运用的图案要考虑在服装上的位置安放,因为有的民族图案适合作边饰,有的适合安放在中心位置,有的只适合作点缀。总之,一定要找准该图案在现代服装上最适合的位置。最后,直接运用某一民族图案时,要根据服装的整体色彩再调整该图案的色彩,很可能有的图案适合目前设计的款式,但原色彩太强烈浓艳,或太过于沉稳暗淡,这时候就需要保留图案形式而改变色彩关系。

间接运用是在吸取文化内涵的基础上,抓取其"神",是一种对民族文化神韵的引申运用。也就是在原始的色彩图案符号中去寻找适合现代时尚美的新的形式和艺术语言。如果以借鉴图案符号为主,对民族图案所形成的独特语言加以运用,可以做局部简化或夸张处理,也可以打散、分解再重新组合,以此创作出与原素材既有区别又有联系的作品。如以色彩借鉴为主,即对民族图案所具有强烈的个性色彩借鉴用于现代设计中,设计中的其他方面,如构成、纹样、表现形式又以创作为主,产生既有现代感又有民族风格的设计作品。

3. 造型结构的借鉴

造型结构是服装存在的条件之一。服饰的造型分为整体造型和局部造型，民族服饰的造型不论整体造型还是局部造型都十分丰富，但我们可以从中找寻规律，通过仔细研究发现，绝大多数民族服饰的造型属于平面结构，也就是无省道的应用，平面结构的服装裁剪线简单，大多呈直线形，表现出的效果是平直而方正的外形。民族服饰的造型主要依靠改变服装款式的长短、宽窄、组合方式、穿着层次来进行造型。从设计美的形式感的角度来分析，值得借鉴的有对称与均衡、变化与统一、比例与尺度、夸张、重复与节奏等方式。

对称在服装上是指以门襟为中轴线，服装的左右两侧在造型结构因素上呈现等同的效果。服装上这种对称关系给人以整齐、端庄、协调、完美的美感。均衡也可以称为相对对称，但它不是视觉表象的对称，而更多体现在视觉心理感受上，比如服装左右两侧布局不同，但能达到一种视觉的平衡。服装上这种均衡关系给人活泼、自由、变化的效果。在各民族服饰中，对称与均衡的造型结构很多，进行民族风格服装设计时，既可以单独借鉴端庄静穆的对称造型和生动灵活的均衡效果，也可以将二者有机地结合起来运用。

在服装中，变化是指服装上的结构之间的差异和区别，服装上的变化能产生一种生动和动感。统一是指服装上各种元素或各个部分之间的共同点、内在联系。服装上的统一效果能给人整齐和舒适感。民族服饰中各种元素的组合运用通常都有着统一的款式和风格，统一的色彩关系，统一的面料组合，但各部分又呈现变化和差异，这种在统一中求变化、在变化中求统一的方式是服装中不可缺少的形式美法则，使服装的各个组成部分形成既有区别又有内在联系的变化的统一体。在进行民族风格的服装设计时，借鉴这种方式要注意寻找统一变化关系的秩序和规律，只有这样，才能形成既丰富又有规律，从整体到局部都形成多样统一的效果。反之，如果服装中没有变化，则给人单调乏味的感觉；没有统一，会给人杂乱无章、混乱无序的感受。

民族服饰的服装造型结构还包含一种内在的抽象关系，即比例与尺度。比例是服装整体造型和局部造型，或者局部与局部造型之间的关系呈现的大小、高低、宽窄的规律，这种规律符合人的审美规范，便称为和谐的比例。和谐的比例是所有事物形成美感的基础，能使人产生愉悦感，这在很多民族服饰中多有体现，它们通常根据和谐适当的比例尺度，将各部分之间的长短、宽窄、大小、粗细、厚薄等因素，组成美观适宜的关系。如彝族、傣族、朝鲜族女子的衣裙的比例关系很明显：上衣短窄，裙子长或宽大，这种比例尺度，能使得人的身材修长和柔美。在民族风格的服装设计中，可以借鉴这种方式，将其适当地运用在服装中，以此获得款式比例美。

夸张在服装中是一种化平淡为神奇的设计手法，可以强化服装的视觉效果，强占人的视域。夸张不仅是把服装某一部分的状态和特征放大或缩小，从而造成视觉上的强化和弱化。民族服饰中的夸张与变形方式较多，如苗族的宽大牛角头式造型，广西瑶族的大盘头，贵州重安江革家女子的"戎装"，云南新平地区傣族女子的"花腰"造型等。在民族风格的服装设计中，借鉴这种夸张与变形的方式，可以获得较好的视觉冲击。

重复在服装上表现为同一视觉要素（相似或相近的造型）连续反复排列，它的特征是形象有连续和统一性。节奏是通过有序、有节、有度的变化形成的一种有条理的美。民族服饰中重复与节奏的表现也很多，这是民族服饰变化生动的具体表现方法之一，民族服饰上基本都会采用纹样装饰，而连续的纹样装饰在服装上进行重复排列，便形成了强烈的节奏之美。再如民族服饰上装饰物造型在服装上采用上下、左右、高低的重复表现也是节奏感产生的重要手段。在民族风格的服装设计中借鉴这种方式，可以让单一的形式产生有规律、有序的变化，给视觉带来美感享受（图4-1～图4-3）。

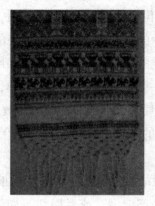

图4-1　傣族织锦上的纹样连续排列，形成很强的节奏美

图 4-2　苗族围裙上的蜡染图案重复出现，节奏感强

图 4-3　重复与节奏在拉祜族服装上的表现（上海博物馆民族服饰馆内拍）

（三）民族文化内涵的体现

民族服饰的形成有着深厚的历史渊源和丰富的文化底蕴，民族服饰得以长期保存和延续至今，是因为根植在深厚的民族文化沃土中。文化是传承的根基，我们从民族文化中可以看到民族服饰存在的广阔空间。当我们将民族服饰元素运用到现代时尚设计中时，是不能忽视其中的文化内涵的，解读民族服饰文化，对民族传统文化要有较为深入的认识，感受民族文化内涵影响下形成的不同服饰美，是服装设计者的基本素养之一，有助于设计的提高。

当前中西文化冲突激烈，一些国人缺少传统文化的自尊心和自信心，尽管民族服饰是中国文化的重要组成部分，但在弱势文化的大氛围下，人们存在着对传统服饰的一种轻视。在教育产业化的进程中，特别是服装设计教育，学生们更多吸收的是西方的观念和时尚，而我们应该切实地了解和研究传统文化的深层内涵，细心领悟倾注浸透在那些样式中的精神气质，这样才能找到回归传统与现代表现内在的结合点，实现文化传承和文化交融意义上的创新（图4-4）。

图4-4　创意星空第二季服装设计作品（设计师：卢霆希）

第二节　现代服装设计对民族风格的借鉴

具有创新意识的民族风格服装设计与传统的民族服装不同，它建立在对民族服饰审视并重新注入时代感觉和时尚品位的基础上。具有创新意识的民族风格服装设计各有特色，形式万千，它们通常都是将民族服装中的各种元素，如色彩、图案、造型等经过打散后，按照具有时代性、时尚性审美意识重新组合起来，形成了既具有时代感觉又具有民族服饰特色的新鲜时尚造型。

一、直接运用法

（一）工艺技法的直接运用

少数民族传统的时尚化设计中，工艺的现代设计是重要的一方面。传统服饰主要采用手工艺，它的种类包括刺绣、绗缝、扎染、蜡染、拼布、编织、手绘等。每件手工艺服饰品都是满含真挚情感的民间艺术作品，无疑是情感与工艺交汇的地方，时间的流逝孕育着富饶、舒适和品质，也就孕育了美丽，这些传统手工艺既是民族传统服饰的重要组成部分，也是其最为精彩的部分之一，写满了人类情感。在现代服装设计中，借鉴传统手工艺技法，可以用现代的面料制作将整匹布用蜡染、扎染、印花等方法制成所需要的面料，还可以利用电脑设计出民族服饰的图案，用机器进行仿挑花、仿十字、仿打籽绣等刺绣方法，然后在此基础上设计、裁剪和缝制，得到想要的服装设计效果。归纳起来，工艺技法的直接运用可以通过面料制作工艺技法的借鉴完成，也可以通过服饰装饰工艺技法的借鉴完成。

民族服饰的服装面料基本都是当地人全手工制作完成的，是为适应该地的生产和生活方式而产生的，典型的有如苗族、侗族、哈尼族等许多少数民族的土布；羌族、土家族、畲族的麻布；苗族、侗族的亮布；苗族、革家人的蜡染面料；白族、布依族的扎染面料；藏族的毛织面料；鄂伦春族、赫哲族的皮质面料等。这些服装面料具有独特的乡土气息和朴素和谐的外观，也有其独特的制作工艺。通常一匹传统民族手工布料的完成要经过播种、耕耘、拣棉、夹籽、轧花、弹花、纺纱、织布、染布、整理等过程。

这些民族民间传统工艺在今天来看，制作工艺复杂，生产效率低，但由于原料和染色工艺都具有无可比拟的优点而受到人们的重视。因为民间几乎所有的染色原料都来自于不同种类的植物和动物材料，当地民族遵循着几千年来的基本相同的方法，用各种植物和树木的根、茎、树皮、叶、浆果和花来上色，这些原料是天然的、可以再生的，不会对人体造成伤害，有的还有利于人体健康。另外，染整工艺的化学反应温和单纯，与大自然相协调，和环境具有较好的相容性。因此在当前呼吁环保、重视生态平衡的时代，民族服饰面料工艺技法是非常值得借鉴的。

中国知名女服装设计师马可，总是一如既往地守护传统手工技艺，她从小热爱手工做的东西，认为手工做的东西蕴含着工业机制品无法达到的深厚情感和灵性。2000年以来，她通过在中国一些偏远的地区调研，对中国传统手工技艺的认识又有加深，她从中发现人最本质的一面，那是科技和经济无论发展到何种高度都无法改变的东西。在北京她的无用工作室里，所有出品全是手工制作，从纺纱到织布、缝制到最后染色，全部采用手工和纯天然的方式，她的服装设计作品从面料的制作到服装的完成以及服装的展示，无不传达着一种回归自然的状态。

2008 年，马可在"无用"巴黎高级时装周发布会上，模特展示了我国传统手工之美，同时也传达出马可的设计精神内涵：古老的纺车上，第一位织布工人以灵巧的手指拈出纤长的棉线，第二位织布工人端坐在已有百余年历史的织布机上，用我国西南地区少数民族流传千年的古老技术，织出真正意义上的手工布匹。

这场发布会上所有模特穿的衣服与鞋都是用天然的材质、传统手工制作而成，因此最接近于自然朴实的状态。设计师对服装材质的处理就是尊重它本身的构成——没有复杂的剪裁，没有炫技式的解构形式，没有刻意放大的量体，这些服装，就是可以穿着的日常衣服，布料是用手工在织机上一丝一线织成，所有接头也是一针一线慢慢缝制而成。这些服装如同我们勤劳的中华民族：单纯而朴实，却又意蕴隽永。

（二）造型结构服装外轮廓的直接运用

造型是服装存在的条件之一，民族服饰的造型包括整体造型和局部造型，整体造型对形成服装风格特色起着至关重要的作用，局部造型是服装款式变化的关键，我国民族服饰不论是整体造型还是局部造型，都十分丰富，但均有规律可循，就是绝大多数民族服饰属于平面结构，平面结构服装的裁剪线很简单，大多呈直线状，其表现效果是平直方正的外形，主要依靠改变服装款式的长短、宽窄、组合方式、穿着层次来造型的。在现代服装设计中，我们要在了解民族服饰造型结构的基础上，借鉴民族服饰造型结构中的精华部分，保留民族服饰中最优秀的艺术特征。那么对民族服饰构造方法的借用，可以从两个方面入手：一是服装外轮廓的启发，二是服装内部构造方法的局部借鉴。

服装外轮廓原意是影像、剪影、侧影、轮廓，在服装设计中被引申为服装的外轮廓，即廓形，服装外轮廓是服装整体给人的一种形态，也是常被作为描述一个时代服装潮流的主要因素。常见的服装廓形，按照字母命名的服装廓形分类有：A 形、V 形、H 形、O 形、Y 形、T 形、X 形、S 形等。也有按形状相似物命名造型的，如纺锤形、沙漏形、瓶形等。少数民族服饰的外轮廓形态也是简洁有形的

A形　　　H形　　　O形＋　　　X形　　　T形　　　瓶形　　纺锤形　沙漏形　　Y形

图 4-5　服装廓形

图 4-6　瑶族传统服饰造型

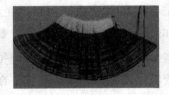

图 4-7　苗族百褶短裙造型

　　民族服饰种类繁多，廓形样式也迥异，为了使人穿着衣服时心灵感受到松散与自由，民族服饰对人体结构是一个顺应的关系，比如彝族、羌族男子身上常年披一件类似毯子的坎肩或披毡，冬天用于抵御寒冷，夏天用于遮挡雨水，热的时候毛朝外，冷的时候毛朝里，这种方式在衣文化上体现的是人与衣的和谐关系。在服装外轮廓造型上往往简洁人气，但内部结构和细节依然丰富。例如中国国际时装周 2008 春夏"梁子·天意·月亮唱歌"系列作品之一就是受到类似彝族服饰外轮廓的启发，外轮廓造型极为简洁，却又不失细节的相应处理，整个服装既保留了传统精神，又极具现代感，整体看起来大气温婉，宽大的衣袖连着裙摆自然下垂，虽不华丽，但穿上去却能让人从内而外散发一种自然、含蓄、恒久的美。

　　由于服装廓形变化的关键部位是肩、腰、臀、腹、膝、肘，以及服装的底摆等，服装的廓形变化也就是在于对这几个关键部位的掩盖与强调，因此，设计现代服装外轮廓时还可以借鉴民族服饰裙衫、披肩外套的造型。比如将外轮廓移动到关键部位相对应的颈侧点、腰侧点、衣摆侧点或者公主线、分割线等部位，最后形成不同的现代服装廓形。

（三）民族服饰图案完整形式直接用在现代设计中

民族图案是民族服饰中最为绚烂的亮彩，图案与纹样取材广泛，经过人们的审美加工，以独特的形式表现出来，常常被借鉴于现代设计中。民族图案色彩的直接运用分为两种：一是将民族服饰图案完整形式直接用在现代设计中；二是将民族服饰的局部形式直接用在设计中。两种方法为适应现代审美，也可做相应调整。不过，设计师在进行设计时，首先要仔细解读该图案在原民族服饰上的文化内涵及象征意义，其次是直接运用的图案要考虑在服装上位置的安放，这两点不能忽视，否则就成了生搬硬套，失去设计的意义。

透过民族服饰上多彩多样的图案纹样可以感受到各个民族的宗教信仰、民风民俗以及对美的感知能力。通过扎染、蜡染、刺绣、镶拼、贴补等工艺手段得到的少数民族图案与纹样，古朴凝重，或鲜艳热烈，或动感奔放，或宁静内敛，体现不同民族的民风民俗和生活韵味，在现代设计过程中，根据这些感受的不同，选取与即将要设计的服装的风格和精神能契合的图案进行运用。这其中最讲究的一点就是放在现代服装中的图案纹样的位置，图案的位置注意也要遵循一定的形式美法则，比例均衡、节奏韵律和多样统一等，要与服装整体风格相协调。

图4-8、图4-9作品是将民族服饰图案直接运用于现代服饰的范例，图案整体安排独特，这样图案无疑成了视觉中心，恰如其分地放在协调整体的位置上，不将图案放得太满，反而给观者独特的视觉冲击，这样的设计具有浓郁的中国民族色彩又不失时尚气息。

图 4-8　民族服饰图案直接应用的设计（一）

图 4-9　民族服饰图案直接应用的设计（二）

二、打散重构法

打散重构法在民族风格服装设计中是常用的手法之一，下文分别从服装的纹样和款式进行分析。

(一)纹样打散重构

纹样打散重构是指将民族图案打散,提取其图形的局部元素,按照新的图形构成骨架将其重新组合形成既具有民族特色又充满时代气息的图案设计。图形骨架的运用是人类对于自然形态的再创造,具有强烈的现代工业感和秩序化,是人们表现具有反复节奏或规范化的美感形式的组织结构。图形骨架的形状一般都是方形,骨架的种类有表现规律性构成的重复骨架、渐变骨架、发射骨架等,有表现非规律性构成的密集、对比等骨架,还有表现规律性和非规律性构成的变异骨架。骨架的运用对于将民族纹样进行打散重构形成具有时代感新纹样有着重要的实践意义,下面以几个具体实例来讲述。

范例:以下展示了从民族图案中提取图形元素到按照某种图形骨架重新排列组合,形成新的图案的整个过程(图4-10)。

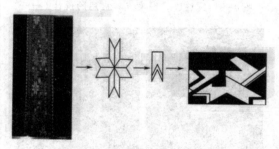

图4-10 从民族图案中提取图形元素

第一步:先从民族织物中提取一个图形元素;第二步:将该图形元素分解出最基本的构成部件;第三步:将该构成部件重叠组合,用黑白关系进行表现。经过这三个步骤就得到了进行图形骨架组合的基本元素。

图4-11是三种不同的图形骨架,这些骨架形式可以按照自己的喜好进行设计,但是一定要保持一种规律性。如骨架设计1,采用方向变化与宽窄变化相叠加的方式,这种骨架具有双重性,是比较复杂的骨架结构;骨架设计2是比较单纯的宽窄变化规律,这种单纯的宽窄变化空间感、透视感比较强;骨架设计3是另外一种单纯的宽窄变化规律,形成了效果强烈的图案渐变效果。在这个图形提取重组的案例中,三个不同的骨架下,分别得到了三种不同的图案形式,但是不管哪一种图案,由于其组成元素来源于民族图案,它们都带有民族图案的一些感觉。与此同时,又因为构成的骨架具有强

烈的现代工业感和秩序性，这些新得到的图案又不完全同于传统民族图案，而是具有了时代特色。

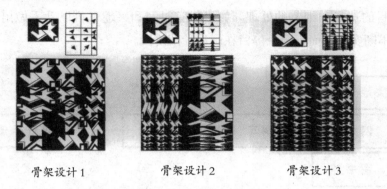

骨架设计1　　　　　骨架设计2　　　　　骨架设计3

图4-11　根据图形元素设计的图形骨架（设计者：高银燕）

（二）款式打散重构

款式打散重构是民族服饰进行创新设计的重要手法，这是在充分了解民族服饰的穿着方式和结构款式的基础上，将民族服饰的基本款式特点进行归纳总结，改变其常见位置和常用的装饰手法，使用具有时代感的图案和色彩进行置换，使重新组合后的形象既具有民族服饰的影子又具有时代感和创新性。

第三节　民族风格服装设计程序

对于民族风格服装设计来说，资料的准备和收集当然不仅限于民族服饰范畴，前面提到的青花瓷、古代陶器、青铜器、传统建筑、书法、水墨画、瓦当、剪纸、皮影等都可作为灵感来源。资料的收集和分析方法都是一样的，由于笔者对民族服饰课题的研究已有十余年，曾到我国很多少数民族地区采风，积累了很多资料，所以在此以民族服饰为代表来分析讲解。

一、调查报告

在确定设计意图之前，一般来说，还需要经历以下几个环节：实地采风或从网络、图书馆收集资料，然后进行调查报告的撰写与排版，接着制作调研手册，如图4-12所示。然后就可以根据调研资料构思设计草图，最后考虑面料的选择和细节的处理。如果你有时间和兴趣也可以动手做出实物样品，不断实验，而不要只停留在画设计图阶段。

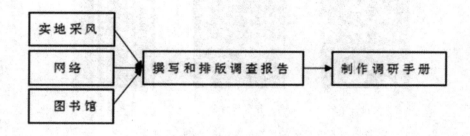

图 4-12　设计前的调研环节

设计是一门创造性的劳动，时尚的步伐如风一般一往无前，要想成为引领时尚潮流的设计师，就需要不断沉淀自己的创新能力和动手能力。最重要的是要不断地寻找新的灵感，即使是考察、调研，它们都是具有一定创造性的研究工作，同时需要时刻保持一颗了解新鲜事物的好奇心，持续不断地探索，只有这样，才会产生激发创造性思维和灵感的可能性。

对民族服饰的调查可以从网络、图书馆、博物馆、实地考察等方面获得。也许在你着手设计之前，心里并不清楚民族服饰哪些方面的内容和形式对你有吸引力。此时不要着急，带好笔记本，到图书馆、博物馆或者网上查找资料或者到民族地区实地考察，当你耳濡目染民族服饰的方方面面时，你自然就会有所触动，迸发灵感。

(一) 资料来源

1. 网络

通过网络查找资料，可以快速获得一个整体全面的民族服饰印象，包括服饰的结构特征、着装习俗以及男女服饰特点等。网络中有大量充分的图片和文字供你参考与选择，经过在各个网站对民族服饰方方面面的描述，你就可以对自己所感兴趣的服饰的重要特征做一个概括和提炼，可以拿个小本子记录一些关键词和勾勒服饰剪影及工艺细节，以备查阅，在进行设计的时候可一目了然，触发灵感。

网络收集资料快捷方便，而且能直接从网上下载一些对设计有用的民族服饰图片。但不足之处在于，不能亲自感受到服饰材料的质地和一些精致的细节以及服装结构上的独特之处。

2. 图书馆

去图书馆查阅也是获取民族服饰资料、找到灵感的基本途径之一。书籍相对于网络上零散的服饰知识来说，更为全面系统。图书馆的民族服饰方面的论著，分门别类地为读者提供了更完整的解读文本，对民族服饰的基本要素，如服装的款式、结构、材料、工艺、图案及装饰品、配饰等，也进行了更详细的分析和梳理，有助于更深入地认识和研究民族服饰文化。

图书馆中的书籍类型丰富，有些是专门介绍民族服饰图片资料的书籍，有些是关于民族服饰文化研究的文字与图片相结合的书籍，有些是涉及民族服装结构图、图案等的研究性书籍，有些是对比各地服饰样式与风格的书籍，有些则是关于民族服饰收集方面的书籍……这么浩瀚的资料有助于你对民族服饰文化、图案、样式等的整体认识。

3. 博物馆

在少数民族地区实地寻访之前或结束时，可以去一下博物馆，目的是找一个索引或者去做一个总结。博物馆是考察民族服饰的一个不错的去处，里面展示着各国家各民族有形的珍贵文化遗产，可以加深你对民族文化及服饰风俗的了解。

在博物馆里，不仅可以亲眼观看到各民族服饰藏品及传统的纺织机械、饰品制作工具等实物，还可以看到一些珍贵的文献资料，如关于民族文化研究的图书资料，关于民族生态环境、生产方式、节日活动、宗教仪式、联欢会、婚礼等照片。

4. 少数民族地区采风

如果要从整体的视野来调查民族服饰，了解各民族服饰的自然和人文背景，还需要进行细致的实地田野考察，这样不仅能真切直观地感受到各民族服饰的款式特征、色彩搭配、材料、工艺、配饰种类、图案以及整体着装姿态，还可以从当地的民风与民俗中发现投射在服饰上的社会习俗、审美情趣以及宗教信仰等。除此之外，这也是一个很好的途径可以切实参观少数民族制作服饰的一些过程，如梱布、折布、绣花、做银饰等。

深入少数民族民俗生活可以丰富自身体验，较直观、深入地了解少数民族的文化。如果可以参与少数民族的婚庆仪典、宗教及节庆活动，那就更好了，或许还可以获得一些一般情况下较难调查到的资料。

在实地调查过程中，可以采用影像拍摄、实践模仿、访谈记录等方法，以丰富实地调查的资料。在调研中，无论是影像拍摄还是文字记录，其调查的内容都应集中在服饰形态、服饰细节以及工艺传承等方面。无论采用哪种方法进行考察，重要的是记录能触动你灵感的种种细节，并要有意识地去发现素材。

（二）调查报告的撰写与排版

1. 调查报告的撰写

民族服饰的调查告一段落后，可以将之前通过各种途径收集到的丰富资料撰写成一份调查报告，清晰明了地分类和提炼出所考察民族服饰的信息，以便比较各民族服饰的异同，总结出你所感兴趣的民族服饰的主要特点，同时更进一步加深印象。调查报告的内容建议可以从两方面着手——民族服饰文化和民族服饰样式。

民族服饰包括服装、饰品、装饰、图案、服饰材料、加工工艺等各方面的内容，民族服饰文化则强调服饰的一种综合（使用价值和精神文明）的文化。每个民族服饰的文化内涵都是特有的，而调查报告的重点内容就是从这某一区域或某一族群的服饰外观形式中挖掘出它所蕴含的体现这个民族文化特质的东西。需要注意的是，在此所提及的学生短期考察，并非要求对民族服饰文化进行全面透视的研究，而是在于通过一个民族服饰的某一部分入手去探索服饰中蕴藏的丰富文化价值。

调查报告内容可以写考察过程中学到的而在课堂或书籍中没有涉及的内容；可以写某一个考察点或考察点的某一个局部；也可以将几个考察点对比、结合起来写，但最好限定在一个民族之内。可以从众多的民族服饰元素中选择你最感兴趣的，例如，最触动你的某个民族服饰的结构形态，某种传统精湛的工艺技巧，某类讲究而自然的色彩搭配，某个图案及配饰等方面表现出来的传统美学原则等。通过实地调查、询问历史、收集照片、翻阅文献等，一步步地进行深入学习。最后结合图书、网络等收集来的资料，整理出一份内容丰富、简明扼要的调查报告。调查报告的撰写还要注意逻辑层次清晰、语言流畅、重点突出，要完整、清楚地表达出调查的结果，表达自己独立的见解。

2. 调查报告的排版

专业的田野调查报告要求调查者根据调查目的和调查内容撰写。调查报告中既要有文献资料，又要有调查点的资料或调查过程中记录的事实。所以要使调查报告一目了然，最好采用图文结合的方式，这样排版也会更好看。在收集的各式民族服饰的草图和照片中，找出与调查报告内容相符的草图和照片，整理出来作为插图以辅助文字说明。如果对某些细节或结构线感兴趣的话，最好采用线描的形式表达，这样才能展示出其细微之处。

调查报告的版面可以根据自己的喜好来设计，以形成个性的版面布局。运用平面构成的一些基础知识，如点、线、面在版面上的构成，可以构建出千变万化的排版形式，但同时版面的设计也要遵循易读性原则。

排版时采用文字和图片（手绘图、照片）的组合，也可以在其中添加一些服饰以外的其他方面的图片，如用实地场景、动物、花卉等图片作为背景或点缀。插图的时候要注意色调关系，把握版面设计的平衡，留白有度、凸显重点。文字的排列可横排、竖排等，因为调查报告主要还是以文字为主，因此文字在版面上应占有一定面积，且鲜明实在，不能太分散。图文的排列形式多样，主要有图文分左右排列、文字包围、随机插图等几种形式，应采用简洁、新颖的形式以展现报告丰富的内容。

二、调研

(一) 整合调研资料

调研手册相比调查报告内容更加丰富且具有针对性，是对民族服饰的质（面料）、形（款式）、饰（饰物）、色（色彩）、画（图案纹样）等各种资料的汇总，如款式图、服饰结构、服饰图案、服饰局部构造、配饰、色彩关系、材料特色、工艺特色等。在整合调研资料的过程中，要提升的是独立思考的能力，在实践中丰富理论的体验，同时也巩固了专业技能。

在调查时，依靠耳口相传的民间神话、传说故事更贴近百姓的生活，能更真实地反映人的情感和观念，打动你的故事也可以记录下来，故事所阐释的多为人民情感体验和精神寄托，所见的民族服饰也是这种情感精神的载体。记录生活，有自己的表达思想的方式，慧眼独具挖掘出独特的文化。将照片、图片、面料小样、手绘、文字等资料，运用一定的技巧加工处理组织在一起，并力图体现出一定的个性化语言，因为调研手册是一个设计师思维发展的轨迹以及个人对该主题的表达方式，以此记录下设计师构思的最初阶段。然后经过不断演化，逐步整合为较完整的、成熟的设计作品，因此调研手册的组织，同样是一个有创意的劳动。整合调研资料，即首先将调研资料放在一起，以备制作调研手册的时候使用。

（二）制作调研手册

制作调研手册并不是照搬记录，可以选择并从自己最感兴趣的一个方面入手。凡是那些和自己头脑产生共鸣的设计元素和色彩，都可以挑选出来组合在一起，再进一步融入与将来设计主题相关的一系列创意。

在排版时，应首先将能激起设计灵感的形式、色彩或材质，按照设计的目的、形式或喜好，进行绘制与拼贴。然后把这些不同大小的、不同资料来源的、不同形式的图片，拼贴在一个平面上，力求视觉效果丰富，富有一定节奏变化和对比，能激发创作欲望。

仔细观察，感受有趣味的排版，画面能让人感觉和谐愉快，拥有更多的想象空间，或许还会有意想不到的灵感收获。如在云南的采风过程中，一个学生对扎染工艺和织锦十分感兴趣，经过考察与提炼，记录下对他有用的一些纹样和扎染制作资料，并用他喜爱的构图方式将资料排列组合，相信这种独特的方式对下一步将进行的服装设计是有帮助的。

三、构思与草图设计

构思是设计的最初阶段，在寻找素材的过程完成后，就可以进行初步的构思了。所收集到的资料能让你拥有更多的想象空间，从而顺着思维的骨架寻找灵感，最好将自己调整到放松随意的创作状态。

（一）最初的构思

最初的构思同样要进行多方面的考虑，如款式、色彩搭配、面料与辅料搭配、装饰、图案等。在这个阶段，设计依然是不受限制的，设计师需要的就是最大限度地打开思路，传达出自己心中的理想状态。可以从传统审美的角度出发，将设计师感兴趣的传统元素提炼出来，进行现代设计再创造的表达。切记：不要将元素照搬嫁接于设计中，传统面料也好，色彩工艺也好，都只是作为一种元素，意在将经典和传统注入时尚的点点滴滴。然后再与设计定位结合，通过运用新型面料、时尚的细节处理、独特的结构方式或实用性局部设计等，完成构思。这个阶段，一般用草图表达，只要能清楚地表达出你的设计构思就行。

（二）草图设计

找到灵感并有最初的构思后，就可以开展草图设计了。构思过程一般用草图的形式快速记录下来。当灵感来源给你第一感觉时，无论是色彩还是形态，都不能忽略它，要善于抓住这个因素，并用自己独特的服装语言将其表现出来，也许你就能找到体现自己风格的设计作品。创作阶段的核心是思维结构，思维的封闭会使一个设计者停滞不前。所以要多观察、多分析，这样才能得到多方面的启发。

画草图前，最好首先确定主题。绘制草图时，所感觉的东西不能完全被具象化，要为下一步绘制完整的效果图保留一些发挥和想象的空间。如某个学生的草图，虽然只是对最初的设计进行了简单的记录，单从外轮廓看，该学生已经将思维扩展，脱离了束缚，用立体造型的手法作为设计的重点，上下呼应，体现了自己独特的风格。

四、设计稿的完成

完整的设计稿是一个设计的最终演绎，它应该包括服装的设计效果图、款式图、面料小样、色彩的搭配、细节的描述、装饰的表达以及设计说明几个方面的内容。

（一）服装设计效果图

服装设计效果图展现的是服装设计的着装效果，是继构思草图后的进一步修改和完善。服装设计效果图应该表现出服装的样式、结构、面料质地、色彩，除此之外，还应该表现出不拘一格的穿着个性，并从用色、用笔和勾勒方式上体现设计者的个人风格。好的服装设计效果图能呈现出一种生动的艺术感。

服装设计效果图的表现方法较多，如线描法、铅笔淡彩法、水性笔淡彩法、渲染、速写法、剪影法、平涂、拼贴、计算机辅助、马克笔表现等。根据自己所选择的材料，采用不同的技法来完成。如采用计算机辅助绘制的服装设计效果图，其特点是线条粗细均匀、色块平整。

（二）服装款式图

服装款式图不需要像设计效果图那样追求强烈的艺术效果。相对于服装设计效果图的艺术夸张性，服装款式图更加规范地展现了服装结构，从而成为服装制板的依据，让制板师清楚地了解服装制作工艺，方便制板、排料、裁料各个步骤的顺利进行。

款式图应重点表现服装的款式结构，一般要求明确表达服装的廓型、内部构造、部件之间的连接形式、制作工艺、细节零部件等，如裁片缝合的方法、开口的处理形式、部件的连接方式、各层材料之间的组合等（图4-13）。

图 4-13 服装款式图（刘银银）

服装款式图不需要上色，但线条应干净利落，描绘工整直白，对于一些特殊的结构或工艺可以用文字加以补充说明。

(三) 面料小样与色彩的搭配

面料和色彩是服装设计的两大要素。其中服装材料是服装设计的载体，在构思阶段，针对相应的灵感来源，可以同时考虑相应的面料设计，然后随意变换色彩，最终产生丰富的视觉效果。选择材料既要考虑到材料的透气性、保暖性、伸缩性等性能，也要考虑面料的色彩、图案以及厚重、飘逸、华丽、朴素、悬垂、挺拔等因素，因为这些均与服装的实用性和艺术性有密切的关系。在选择面料之前，要对服装材料的性能与作用有一定的认识，服装材料除选择已有的材料外，面料再造也是一个思路，重视材质本身的设计或面料再造，可以获得创意的更大空间。近几年来，面料再造在服装设计中占的比重越来越大，具有高级时装感的珠绣、绘、补、拼、嵌、立体造型等面料再造方法，皆是充分利用面料的特点来营造服装最终的效果。

服装的色彩设计最好符合美学原理，在色彩上达到一种有序、统一、和谐的具有美感的视觉色彩。当然完全统一稳定的色彩会给人以沉闷的感觉，适当运用色相对比、明暗对比、冷暖对比、补色对比、面积对比、虚实对比可获得风格迥异的美感。在设计稿中还应粘贴面料小样，如果是单色面料，可以用色块来表达面料的色彩，一般把面料色样放在着装人物画的旁边。

(四) 细节的描述

服装细节设计的精巧变换是整件服装的点睛之处，因此细节处理也尤为重要。服装的细节有可能是图案，或某个特殊做法的结构，或添加的饰物等。但是细节设计一定要服从整体设计构想，统一在整体造型风格中，如果喧宾夺主，则很容易造成画蛇添足的结果。对细节的描述，一般用图来表示，若需要应补充文字说明。在效果图的着装人物画旁单独画出服装的细节，一个细节用一个小图表示，这样有利于设计表达。

(五) 装饰的表达

装饰在服装上的运用，要求设计者懂得各种装饰语言，更需要设计者积极地尝试和探索新的装饰内容和新的装饰形式。装饰方法较多，如手绘、印花、贴、绣、补、盘、钉、染、镂空、抽纱、打揽、缉带、抓褶、打结等，或者用不同材料的重新整合来营造服装表面效果，还可以利用不同的针法来变换立体图案，利用绞花、空花、盘花等方式构成立体装饰，达到耳目一新的艺术效果。

（六）设计说明

设计说明是将设计理念梳理后用文字表达出来。对一些特殊的结构语言、面料、零部件等也可以在设计说明里用文字加以补充说明。根据不同类型、不同要求的服装设计有其相关的内容，如年龄定位、使用场合定位、穿着时间定位、设计理念、品牌理念、设计风格、运用材料色彩描述等，通过设计说明传达出该服装的设计理念、适用对象等必要的信息。

参考文献

[1] 博厄斯·弗朗兹，金辉译. 原始艺术 [M]. 贵阳：贵州人民出版，2004.

[2] 路易莎·沙因，康宏锦译. 中国的社会性别与内部东方主义 [A].// 马元曦. 社会性别与发展译文集 [M]. 北京：生活·读书·新知三联书店，2000.

[3] 周梦. 黔东南苗族侗族女性服饰文化比较研究 [M]. 北京：中国社会科学出版社，2011.

[4] 柳宗悦，徐艺乙译. 工艺文化 [M]. 南宁：广西师范大学出版社，2006.

[5] 马歇尔·萨林斯，赵丙祥译. 文化与实践理性 [M]. 上海：上海人民出版社，2002.

[6] 王建民. 艺术人类学新论 [M]. 北京：民族出版社，2008.

[7] 汪为义，田顺新，田大年. 湖湘织锦 [M]. 长沙：湖南美术出版社，2008.

[8] 李永强. 洛阳出土丝绸之路文物 [M]. 郑州：河南美术出版社，2011.

[9] 奚传绩. 设计艺术经典论著选读 [M]. 南京：东南大学出版社，2002.

[10] 辛艺华，罗彬. 土家族民间美术 [M]. 武汉：湖北美术出版社，2004.

[11] 赵丰. 中国丝绸艺术史 [M]. 北京：文物出版社，2005.

[12] 袁仄，胡月. 百年衣裳 [M]. 北京：生活·读书·新知三联书店，2010.

[13] 钟茂兰，范朴. 中国民间美术 [M]. 北京：中国纺织出版社，2003.

[14] 钟茂兰，范朴.中国少数民族服饰 [M].北京：中国纺织出版社，2006.

[15] 钟茂兰.民间染织美术 [M].北京：中国纺织出版社，2002.

[16] 邓启耀.衣装秘语——中国民族服饰文化象征 [M].重庆：四川出版集团，四川人民出版社，2005.

[17] 华梅.服饰民俗学 [M].北京：中国纺织出版社，2004.

[18] 黄光学，施联朱.中国的民族识别 [M].北京：民族出版社，2005.

[19] 周莹.少数民族服饰图案与时装设计 [M].石家庄：河北美术出版社，2009.

[20] 丁荣泉，龙湘平.苗族刺绣发展源流及其造型艺术特征 [J].中南民族大学学报（人文社会科学版），2003（7）.

[21] 方李莉.论工艺美术的原生性与再生性 [J].民族艺术，2002（1）.

[22] 王连海.民间刺绣图形 [M].长沙：湖南美术出版社，2001.

[23] 高琪.服装中的拼布形式研究 [D].北京服装学院硕士毕业论文，2008.

[24] 杜钰洲.中国衣经 [M].上海：上海文化出版社，2000.

[25] 左汉中.民间印染花布图形 [M].长沙：湖南美术出版社，2000.

[26] 管彦波.中国西南民族社会生活史 [M].哈尔滨：黑龙江人民出版社，2005.

[27] 吕胜中.广西民族风俗艺术 [M].南宁：广西美术出版社，2001.

[28] 龚建培.传统手工艺在现代的蜕变与再生——兼论传统手工印染现状与发展的几个问题 [J].南京艺术学院学报（美术与设计版），2006（4）.

[29] 胡进.“点蜡幔”“顺水斑”质疑 [J].贵州民族研究，2001（4）.

[30] 雷海.“族群”概念的再认识 [J].广西民族研究，2002（4）.

[31] 梁惠娥，吴敬，徐亚平.刍议南通沈绣的工艺特点与风格 [J].丝绸，2006（6）.

[32] 刘建萍，单毓馥.滚边的设计方法及工艺研究 [J].天津纺织科技，2004（42）.

[33] 刘益众.土家族织锦艺术的民族特色 [J].装饰,2006（10）.

[34] 祁进玉.中国的民族识别及其理论构建 [J].中央民族大学学报，2010（2）.

[35] 钟茂兰.民间染织美术 [M].北京：中国纺织出版社，2002.

[36] 戴平.中国民族服饰文化研究 [M].上海：上海人民出版社，2000.

[37] 周梦.民族服饰文化研究文集 [M].北京：中央民族大学出版社，2009.

[38] 张邦梅.小脚与西服——张幼仪与徐志摩的家变 [M].黄山书社，2011.

[39] Sophie Guo 果果著.巴黎时尚密语 [M].北京：中国纺织出版社，2009.

[40] 邓启耀.民族服饰——一种文化符号 [M].昆明：云南人民出版社，1991.

[41] 余强等.西南少数民族服饰文化研究 [M].重庆：重庆出版社，2006.

[42] 陆启宏.波希米亚——源远流长的前沿时尚 [M].上海：上海世纪出版股份有限公司，上海辞书出版社，2006.

[43] 华梅.中国服装史 [M].北京：中国纺织出版社，2007.

[44] 祁小山，王博.丝绸之路·新疆古代文化 [M].乌鲁木齐：新疆人民出版社，2008.

[45] 华梅，要彬，曹寒娟.服饰与时尚 [M].北京：中国时代经济出版社，2010.

[46] 邓启耀.衣装秘语 [M].成都：四川人民出版社，2005.

[47] 叶涛.民俗研究 [M].济南：山东教育出版社，2005.

[48] 周梦.传统与时尚——中西服饰风格解读 [M].北京：生活·读书·新知三联书店，2011.

[49] 陈巨来.安持人物琐忆 [M].上海：上海书画出版社，2011.

[50] 马蓉.民族服饰语言的时尚运用 [M].重庆：重庆大学出版社，2009.

[51] 程志方，李安泰.云南民族服饰 [M].昆明：云南民族出版社，云南人民出版社，2000.

[52] 吴仕忠等.中国苗族服饰图志 [M].贵阳：贵州人民出版社，2000.

[53] 华梅，周梦.服装概论 [M].北京：中国纺织出版社，2009.

[54] 陈琳国.中古北方民族史探 [M].北京：商务印书馆，2010.

[55] 李昆声，周文林.云南少数民族服饰 [M].昆明：云南美术出版社，2002.

[56] 华梅，王鹤.玫瑰法兰西 [M].北京：中国时代经济出版社，2008.

[57] 曹聚仁.上海春秋 [M].北京：生活·读书·新知三联书店，2007.

[58] 谢锋.时尚之旅 [M].北京：中国纺织出版社，2007.

[59] 吕思勉.两晋南北朝史 [M].上海：上海古籍出版社，2005.

[60] 袁仄.人穿衣与衣穿人 [M].上海：东华大学出版社，2000.

[61] 邱瑞中.燕行录研究 [M].南宁：广西师范大学出版社，2010.

[62] 宋镇豪.商代社会生活与礼俗 [M].北京：中国社会科学出版社，2010.

[63] 张海容.时空交汇——传统与发展 [M].北京：中国纺织出版社，2001.

[64] 胡月.轻读低诵穿衣经 [M].上海：东华大学出版社，2000.

[65] 袁仄.中国服装史 [M].北京：中国纺织出版社，2005.

[66] 陕西省考古研究所.唐李宪墓发掘报告 [M].北京：科学出版社，2005.

[67] 王晓威.服装图案风格鉴赏 [M].北京：中国轻工业出版社，2010.

[68] 张庆捷.胡商胡腾舞与入华中亚人——解读虞弘墓 [M].太原：北岳文艺出版社，2010.